F.-W. Burbridge

Handbuch der Orchideenzucht

Burbridge, F.-W.

Handbuch der Orchideenzucht

1. Auflage 2010 | ISBN: 978-3-86741-192-9

Nachdruck der Originalausgabe von 1875
(Schweizerbart'sche Verlagsbuchhandlung, Stuttgart)

© Europäischer Hochschulverlag GmbH & Co KG

www.eh-verlag.de

1. DISA GRANDIFLORA
a Pollenmasse. *b* Stigma

Die

Orchideen

des

temperirten und kalten Hauses.

Ihre Cultur und Beschreibung etc. nebst einer Synopsis
aller bisher bekannten Cypripedien.

Von

F. W. Burbidge.

Aus dem Englischen übersetzt

von

M. Lebl,

Fürstlicher Hofgärtner in Langenburg, Redakteur der „Illustrirten Gartenzeitung" und des „Illustrirten Rosengartens", Mitglied des Pomologen-Vereins und mehrerer Gartenbaugesellschaften des In- und Auslandes.

Mit 23 Holzschnitten und 4 Farbendruckbildern.

STUTTGART.
E. Schweizerbart'sche Verlagshandlung (E. Koch).
1875.

Vorrede des Autors.

Die in kühler Temperatur gedeihenden Orchideen haben eine grosse Zukunft vor sich. Viele davon können mit dem gleichen Kostenaufwand und mit der gleichen Mühe, welche die Anzucht von Eriken und Azaleen erfordert, zur Vollkommenheit erzogen werden.

Die Temperatur des Hauses, in welchem man sie am besten cultivirt, muss so beschaffen sein, dass man sich darin behaglich fühlt; es soll nicht der Wärmegrad eines Dampfbades darin herrschen, der in den tropischen Orchideenhäusern und namentlich in der ostindischen Abtheilung gewöhnlich getroffen wird und der dem Besucher so unangenehm ist.

Bezüglich der Einführung von kühle Cultur verlangenden Orchideen haben wir noch Vieles nachzuholen; denn eine Menge der besten Masdevallien, Cypripedien und Odontoglossen stehen noch unberücksichtigt auf ihren einheimischen Plätzen.

Welche grosse Zahl von Neuheiten wird wohl zum Vorschein kommen, wenn einmal die westlichen Abhänge der Anden und die nördlichen Gebirge Indiens von Sammlern durchforscht sind?

Nachdem durch die Schriften von Bateman, Warner, Anderson und andern die Freude an Orchideen erweckt worden ist, biete ich das kleine Handbuch an als leichten und einfachen Führer für die allgemeine Cultur von solchen Orchideen, welche in kühler oder mittlerer Temperatur üppig wachsen.

F. W. Burbidge.

Vorrede des Uebersetzers.

Ich gebe hier die Uebersetzung eines englischen Werkchens (*Cool Orchids and how to grow them*), welches von den Liebhabern dieser auserlesenen Pflanzen um so mehr die vollste Beachtung verdient, als es kurz und klar geschrieben ist und nur solche Arten darin angeführt sind, welche sich bei dieser Culturweise bewährt haben.

Zu den Eigenthümlichkeiten gehört, dass noch viele, theilweise mir bekannte Blumenliebhaber und selbst Gärtner die Ansicht haben, es sei die Cultur der Orchideen im Allgemeinen schwierig und zu ihrem Gedeihen durchweg ein sehr hoher Wärmegrad erforderlich. Dies ist ein grosser Irrthum, denn die Erfahrung zeigt auf das eclatanteste, dass ausser den krautartigen Topfgewächsen wenig exotische Pflanzen von Werth existiren, die so leicht zu ziehen sind, als die sogenannten kühlen oder temperirten Orchideen, wozu die Genera: *Cypripedium*, *Odontoglossum*, *Oncidium*, *Masdevallia* und *Disa* das grösste Contingent stellen.

Auch die noch vielfach herrschende Meinung, dass die Pflanzen nur um hohes Geld erworben werden können, ist falsch; es gilt da ebenso der Grundsatz wie bei den andern Pflanzenarten: Je seltener, desto kostspieliger. Die seltensten Pflanzen sind aber nicht immer die schönsten, und dies ist besonders bezüglich der Orchideen der Fall; da kommt es oft vor, dass die schönere, leicht zu vermehrende Pflanze billiger ist, als die bei weitem geringere aber schwer zu vervielfältigende, daher seltenere Pflanze *.

Zu widerlegen ist auch noch die viel verbreitete Ansicht, als ob zur erfolgreichen Orchideencultur unbedingt ein eigenes und besonders

---

* Als sehr gute Bezugsquellen kann ich anführen: Die Etablissements von Auguste Van Geert und von Van Houtte in Gent (Belgien) und von William Bull, Kings road, London.

construirtes Haus erforderlich wäre. Ein kleines Pult- oder auch Sattelhäuschen, oder nach Umständen selbst ein Kasten, wo der nöthige Erwärmungsapparat (Wasserheizung) angebracht werden kann, genügt für den bescheidenen Liebhaber, um sich den Genuss von mancher dieser lieblichen Blumen verschaffen zu können.

Wir haben in der That nicht viele Pflanzengattungen, die sich den Orchideen in Betreff des seltsamen Wuchses, der phantastisch geformten oft wohlriechenden Blumen und der prachtvollen Farbennüancirung würdig an die Seite stellen können; es ist daher um so erfreulicher wahrzunehmen, dass diese ausserordentlichen Vorzüge nicht nur in England und Belgien, sondern auch neuerer Zeit in Deutschland immer mehr gewürdigt und dass besonders die in kühler Temperatur gedeihenden Sorten mit Vorliebe gesucht und cultivirt werden, was als ein entschiedener Fortschritt in der Gärtnerei betrachtet und mit Freude begrüsst werden muss. Dieser Umstand bewog mich auch hauptsächlich, die Uebersetzung dieses gediegenen, von einem theoretisch und praktisch gebildeten, in England rühmlichst bekannten Fachmanne verfassten Werkchens, vorzunehmen. Möge es in dem weiten Deutschland ebensoviele Freunde wie in England finden und möge sich der, mich bei dieser Arbeit leitende Gedanke: **die Cultur der kühlen Orchideen dadurch mehr und mehr anzuregen**, verwirklichen.

Langenburg im Juli 1875.

Lebl.

Inhalt.

	Seite
Einleitung	1
Winke in Beziehung auf die Anschaffung von Orchideen	13
Eintopfung und Begiessung der Orchideen	17
Ruhezeit der Orchideen	22
Specifische Variation bei den Orchideen	25
Kühle Orchideen-Häuser	28
Orchideen-Häuser im natürlichen Stil	33
Die Einführung von Orchideen	35
Orchideen für den Salon	38
Kreuzung der Orchideen	40
Die Vermehrung der Orchideen	45
Insekten, welche den Orchideen schädlich sind	48
Beschreibende Liste von auserlesenen Orchideen für das temperirte und kalte Haus	51
Harte und halbharte Cypripedien	131
Synopsis aller bisher bekannten Cypripedien	137
Alphabetisches Verzeichniss	165

Abbildungen.

			Seite
Fig.	1.	Mit Drainage versehener Orchideentopf	18
„	2.	Beweglicher Wasserkarren	20
„	3.	Sattelhaus für kühle Orchideen	29
„	4.	Kühles Orchideenhaus in Ferniehurst	30
„	5.	Durchschnitt eines Orchideenhauses mit Pultdach	31
„	6.	Durchschnitt eines zur Wein- und Orchideencultur geeigneten Hauses	32
„	7.	Geschlechts-Organe von Orchideen	42
„	8.	Sämling von *Dendrobium*	46
„	9.	*Phajus grandifolius*	47
„	10.	*Phalaenopsis Schilleriana*	47
„	11.	*Aerides crispum*	53
„	12.	*Cattleya Mossiae*	60
„	13.	„ *Trianiae*	62
„	14.	*Cypripedium Ashburtianiae*	65
„	15.	„ concolor	67
„	16.	„ Dominianum	69
„	17.	„ insigne	71
„	18.	„ longifolium	73
„	19.	„ niveum	75
„	20.	„ Lowii	77
„	21.	„ superbiens	79
„	22.	„ villosum	81
„	23.	„ niveum	83

Einleitung.

Als die Orchideen aus den tropischen und subtropischen Regionen in England eingeführt wurden, scheint die Vorstellung verbreitet und von verschiedenen Gärtnern als evangelische Wahrheit anerkannt worden zu sein, als ob sie alle eine übermässige Wärme zum Wachsen brauchten u. s. w. Den früheren Orchideenzüchtern war es, wie es scheint nicht sehr wichtig, darauf zu achten, woher die Pflanzen gekommen, oder unter welchen climatischen Verhältnissen sie auf ihren einheimischen Standorten gewachsen sind. Mochten die Orchideen von den feuchten Thälern des indischen Archipels, aus den trockenen Gegenden von Süd- und Westafrica, aus den Gebirgsketten von Mexico oder Peru, oder selbst von der Schneegränze der hohen Anden kommen, die Behandlung derselben war bei ihnen stets die gleiche; sie wurden eben in die wärmste und trockenste Temperatur gebracht. Unter diesen widrigen Verhältnissen ist es kaum zu verwundern, dass viele der neueingeführten Orchideen schon wenige Monate nach ihrer Ankunft wieder zu Grunde giengen. Hie und da erzeugten sie wohl einige Blumen, die aber eigentlich kaum entwickelt und nur die letzte Anstrengung der sterbenden Natur waren. Dennoch rühmte man ihre zarten Farben und ihren angenehmen Geruch, wenn sie von Zeit zu Zeit in den früheren Sammlungen blühten.

Der berühmte Loddiges lud einmal die Gelehrten und Schriftsteller jener Zeit ein, einige neue Wunder unter den damals seltenen Schmarotzerpflanzen zu besichtigen. Ein anderes Mal war es dann Chiswick, der Hauptsitz der Gärtnerei, wo die Gelehrten von Kew das unbeschreibliche Vergnügen hatten zu sehen, wie die eine oder die andere von diesen lieblichen Pflanzen zum erstenmale in Europa ihre Blumenblätter entfalteten.

Obgleich ein grosser Theil der zuerst eingeführten Exemplare jetzt nur als ärmliche Pflanzen betrachtet würden, so zogen sie doch die Aufmerksamkeit fast eines Jeden auf sich, der sich damals für Pflanzen interessirte, selbst der Herzog von Devonshire und die berühmte Mistress Lawrence nicht ausgenommen; und sie sind seither nicht nur bei den Gärtnern von Beruf, sondern auch bei dem Publikum in der Gunst immer höher gestiegen.

Wer sich mit der Cultur der Orchideen in richtiger verständiger Weise befasst und Leute von Verstand und Geschick zur Anzucht derselben verwendet, wird gute Interessen aus seinem Kapital ziehen. In den meisten Fällen werden seine Pflanzen an Werth gewinnen, während das wirkliche und dauernde Vergnügen, welches die Betrachtung dieser lebenden Wunder stets gewährt, den kleinen Aufwand für diese schönste aller Pflanzen reichlich lohnt.

Indessen will ich damit nicht sagen, dass die Orchideen allein der Cultur werth und dass nur sie allein es sind, die kindliche Gefühle im Herzen hervorrufen. Im Gegentheil, ich behaupte alle Pflanzen sind schön und alle unserer respektvollen Bewunderung werth, und wir werden finden, dass wir, je mehr wir ihre Bedürfnisse und ihre Oeconomie in Beziehung auf die Cultur verstehen, desto mehr sie bewundern werden, wenn sie uns nach einander ihre zarten Blumen öffnen. Alle Pflanzen sind schön; aber die Orchideen sind dies in ganz ausserordentlicher Weise und sie sind gar nicht so schwer zu ziehen wie Manche meinen. Die alte Vorstellung, als ob bei der Orchideencultur eine übermässige Wärme erforderlich sei, erhält sich immer noch vielfach, obgleich man an solchen Orten selten Pflanzen findet, welche kräftig und gesund sind, während an den verhältnissmässig wenigen Orten, wo kühle Orchideen mit wirklichem Sachverständniss cultivirt werden, sie sich der üppigsten Gesundheit erfreuen.

Die schönsten Sammlungen von *Disa, Odontoglossum, Oncidium* und *Masdevallia* wurden in England gleich bei ihrer ersten Einführung einem kühlen Cultursysteme unterworfen. Dies ist eine sehr wichtige Thatsache; denn jeder Orchideenzüchter weiss, dass importirte gesunde Pflanzen weit besser zu behandeln sind als entkräftete Exemplare, welche durch schlechte Cultur in heisser trockener Temperatur ruinirt wurden. Obwohl viele Orchideen in einer Temperatur, die sich etwas unter der mittleren hält, gut wachsen, so verlangen sie doch eine mit Feuchtigkeit gesättigte Atmosphäre und das Sumpfmoos *(Sphagnum)* oben auf den Töpfen soll so üppig wachsen, wie in den Sümpfen, aus denen es stammt. In allen Orchideenhäusern, wo auf der Oberfläche des Topfes *Sphagnum* und *Drosera* reichlich wächst, werden wir auch als natürliche Folge davon die Orchidee grün und gesund aussehend finden. Der Grund dieses Zusammentreffens ist einfach der: *Drosera* und *Sphagnum* werden nur in feuchten und mässig beschatteten Lagen am Leben bleiben, und diese Lebensbedingungen, Schatten und Feuchtigkeit sind zur kräftigen Gesundheit der Orchideen ebenfalls erforderlich. Der einzige Grund, warum wir diese Regel nicht ausdehnen können, ist, dass *Drosera* und *Sphagnum* nicht unbedingt künstliche Wärme verlangen, während die Orchideen mindestens eine gewisse Zeit lang im Jahr eine solche bedürfen. Herr Robert Warner von Bromfield hatte bei seinen Versuchen in der Erziehung kühler Orchideen sehr gute Erfolge; und bei ihm, wie bei Andern, war der Wuchs bei dieser Behandlung kräftig; die Pflanzen brachten grosse, fleischige, gut ausgereifte Scheinknollen, schönes Blattwerk und schön entwickelte Blumen in Menge hervor.

Ein von Herrn James Anderson in Meadowbank gezogenes *Odontoglossum Alexandrae* brachte eine fein verzweigte Aehre mit 56 Blumen hervor. Diese Pflanze wurde zugleich mit vielen andern Odontoglossen und Masdevallien in einem kalten Kasten gezogen und ist, was den Blumenstand betrifft, niemals übertroffen worden. Ein anderer merkwürdiger Fall kam in Ferniehurst, dem Sitz des Herrn E. Salt, vor. Ein *Oncidium macranthum* producirte eine lange, schlangenförmig gebogene Aehre mit 77 ausgezeichneten Blumen. Das Haus, in welchem diese Pflanze in Gemeinschaft mit $1/2$ Dutzend anderer Pflanzen derselben Art gezogen wird, ist sehr kühl gehalten; die Atmosphäre ist sehr feucht und die Temperatur fällt nicht selten auf ca. 4^0 R. herab, obgleich die mittlere Wintertemperatur so ziemlich 6^0, d. h. 8^0 Maximum und 4^0 Minimum beträgt.*

---

* Den Beweis, dass nicht alle tropischen Orchideen, um zu gedeihen, einen hohen Wärmegrad bedürfen, finden wir in nachfolgenden „Gardener's Chronicle" entnommenen Notizen: „Es war nicht ohne Grund, dass Humboldt die Orchideen des äquatorialen America in folgender Weise characterisirte. Obwohl, sagte dieser berühmte Philosoph, solche Pflanzen in jedem Theil der heissen Zone, von der Höhe des Meeresspiegels an bis zu einer Elevation von 3000 — 3300 Meter zerstreut zu finden sind, so muss doch angenommen werden, dass in der Zahl der Species, bezüglich der glänzenden Färbung, lieblichen Wohlgeruchs, reichen Blattwerks etc., keine mit denen in dem Andesgebirge von Mexico, Neu-Granada, Quito

Die Anzucht der in kühler Temperatur wachsenden Orchideen wurde auf dem Festlande schon früher betrieben; denn wir finden,

und Peru vorkommenden verglichen werden kann, an welchen Plätzen bei entsprechender Feuchtigkeit und milder Luft die mittlere Jahrestemperatur in einer Höhe von 1520—1980 Meter über dem Meere noch 14,2—16,4 ° R. beträgt."

Herr Linden's Collection in Brüssel zeigt uns, dass von 129 Species nahe die Hälfte an solchen Orten gefunden werden.

Wenn indessen aus Linden's nützlichen Bemerkungen Schlüsse gezogen werden sollen, so ist es nothwendig, die Species im Detail zu untersuchen, und zu diesem Zwecke sind die folgenden Gruppen nach den von Humboldt gegebenen Daten zusammengestellt:

3600 Meter. Mittlere Temperatur 40 ° Fahr. = 3,6 ° R.
Epidendron frigidum.

3300—3600 M. Mittlere Temperatur 46° F. = 6,2° R.
Restrepia parvifolia,   *Masdevallia affinis,*
  „   *maculata.*   „   *polyantha.*
Epidendrum chioneum.

3000—3300 M. Mittlere Temperatur 49° F. = 7,6° R.
Minimal-Temperatur 32° F. = 0,0° R.
Pleurothalis aurea,   *Epidendrum tolimense,*
  „   *Lindeni,*   „   *fimbriatum,*
  „   *intricata,*   „   *refractrum,*
Dialissa pulchella,   *Odontoglossum densiflorum,*
Masdevallia tubulosa,   *Pachyphyllum crystallinum,*
  „   *caudata,*   *Telipogon angustifolius.*
  „   *affinis.*

2700—3000 M. Mittlere Temperatur 52° F. = 8,9° R.
Pleurothalis aurea,   *Stelis triura,*
  „   *intricata,*   „   *sesquipedalis,*
  „   *roseo punctata,*   *Masdevallia caudata,*
Epidendrum tolimense,   „   *affinis,*
  „   *carneum,*   „   *coccinea,*
  „   *flavidum,*   *Evelyna lupulina,*
Odontoglossum dipterum,   „   *furfuracea,*
  „   *divaricatum,*   „   *bractescens,*
Pachyphyllum crystallinum,   *Acraea multiflora,*
Telipogon latifolius.   *Cranichis parvilabris.*

2400—2700 M. Mittlere Temperatur 56° F. = 10,7° R.
Maximal-Temperatur 69° F. = 16,4° R.
Pleurothalis chloroleuca,   *Evelyna bractescens,*
  „   *bivalvis,*   „   *kermesina,*
Epidendrum fimbriatum,   „   *columnaris,*
  „   *torquatum,*   „   *ensata,*
Evelyna furfuracea,   *Odontoglossum Hallii,*
  „   *capitata.*   „   *epidendroides,*
Oncidium cucullatum,   „   *luteo-purpureum,*

Einleitung.

dass im Jahre 1852 Herr Franz Josst, Obergärtner des Grafen Thun-Hohenstein in Tetschen in Böhmen, verschiedene Orchideen

Solenidium racemosum,
Epidendrum leucochilon,
   „   tigrinum.
          2100—2400 M.

Maxillaria albata,
Uropedium Lindeni.

Mittlere Temperatur 59° F. = 12,0° R.

Pleurothalis bogotensis,
   „   semiscabra,
Restrepia maculata,
Masdevallia coriacea,
   „   cucullata,
   „   Schlimmii,
Epidendrum brachychilum,
   „   tigrinum.
          1800—2100 M.

Epidendrum fallax,
Evelyna flavescens,
   „   furfuracea,
Oncidium cucullatum,
   „   halteratum,
Odontoglossum megalophium,
Maxillaria nigrescens,
Sobralia violacea.

Mittlere Temperatur 62° F. = 13,3° R.

Pleurothalis ruberrima,
   „   undulata,
Stelis Lindeni,
Epidendrum recurvatum,
   „   xylostachyum,
   „   macrostachyum,
   „   sceptrum,
   „   tigrinum,
   „   fallax,
Evelyna furfuracea,
Oncidium maizefolium,
Odontoglossum odoratum,
Pleurothalis chamensis,
Stelis spathulata,
Epidendrum dichotonum,
Cyrtopera Woodfordi,
Maxillaria scabrilinguis,
   „   grandiflora,
Epidendrum ceratistes,
   „   Lindeni,
   „   carneum,
   „   tigrinum,
Schomburgkia rosea,
Chondrorhyncha rosea,
Pilumna fragrans,
Fernandezia longifolia,
Oncidium falcipetalum,
   „   linguiforme.
          1500—1800 M.

Odontoglossum angustatum,
Nasonia sanguinea,
Maxillaria meridensis,
   „   longissima,
   „   nigrescens,
   „   pentura,
Ornithidium niveum,
Rodriguezia stenochylla,
Sobralia violacea,
Ponthieva maculata,
Altensteinia fimbriata,
Cranichis monophylla,
Brassia glumacea,
Govenia fasciata,
Zygopetalum gramineum,
Maxillaria mellina,
   „   nigrescens,
   „   lutea alba,
Lycaste gigantea,
Angulosa Clowesii,
Scaphiglottis ruberrima,
Camaridium luteo-rubrum,
   „   purpuratum,
Ornithidium sanguinolentum,
Cyrtopodium bracteatum,
Comparettia falcata,
Sarcoglottis picta,
Physurus rariflorus.

Mittlere Temperatur 65° F. = 14,7° R.

Pleurothalis chamensis,
Stelis spathulata,
Epidendrum dichotonum,

Brassia glumacea,
Govenia fasciata,
Zygopetalum gramineum,

auf einer geschützten Stelle im Freien erzog. Wir lassen ihn übrigens hier seine Methode selbst anführen: „Im Jahre 1852 beobachtete

Cyrtopera Woodfordi,
Maxillaria scabrilinguis,
„ grandiflora,
Epidendrum ceratistes,
„ Lindeni,
„ carneum,
„ tigrinum,
Schomburgkia rosea,
Chondrorhyncha rosea,
Pilumna fragrans,
Fernandezia longifolia,
Oncidium falcipetalum,
„ linguiforme.

Maxillaria mellina,
„ nigrescens,
„ lutea alba,
Lycaste gigantea,
Anguloa Clowesii,
Scaphiglottis ruberrima,
Camaridium luteo-rubrum,
„ purpuratum,
Ornithidium sanguinolentum,
Cyrtopodium bracteatum,
Compartetia falcata,
Sarcoglottis picta,
Physurus rariflorus.

1200—1500 M. Mittlere Temperatur 63° F. = 16° R.

Masdevallia triangularis,
Warrea bidentata,
Mormodes Cartoni,
Trichocentrum maculatum.

Habenaria maculosa,
Sobralia dychotoma,
Epistephium sessiliflorum,
Physurus Preslei.

900—1200 M. Mittlere Temperatur 71° F. = 17,3° R.

Epidendrum stenopetalum,
Cattleya Mossiae,
Ghiesbreghtia calanthoides,
Schomburgkia undulata,
Odontoglossum hastilabium.

Habenaria maculosa,
„ Lindeni,
Burlingtonia granadensis,
Jonopsis pulchella.

Aus diesem Verzeichniss lernen wir, dass eine Species von *Epidendrum* auf einem Platz gefunden wird, wo die mittlere Jahrestemperatur ungefähr 40° F. = 3,6° R. beträgt; auf Flächen, wo Bäume ganz fehlen, nur Weideplätze vorhanden sind, und wo es von Zeit zu Zeit schneit. Auf ein schlechteres Zeugniss hin, als das von Linden, würden wir es nicht glauben, obwohl wir von Professor Jameson auch noch wissen, dass ein *Oncidium (nubigenum)* in Peru in der Höhe von 4000 Meter und selten niedriger gefunden wird. Herr Linden sagt uns, dass seine Pflanze nur in einer kleinen Entfernung von der ewigen Schneeregion wächst und über und über — Blumen mit eingeschlossen — von einer Art Firniss überzogen ist, welcher ihr wahrscheinlich zum Schutze gegen Kälte dient. Es ist merkwürdig, dass alle *Epidendrum's* mit Ausnahme einer einzigen über 1500 M. hoch vorkommen und dass sie aufwärts bis zum Gebiete von *E. frigidum* eine fortlaufende Kette bilden. Es sind indessen hauptsächlich die *Pleurothalis*, welche in solchen Regionen vorkommen. *Masdevallia, Restrepia, Stelis* und *Pleurothalis* selbst, welche die am meisten ausgeprägtesten Charactere der Orchideen-Flora bilden, werden auf Plätzen, wo die mittlere Temperatur bis zu 56° F. = 14,7° R. beträgt, sehr selten mehr getroffen. Das Genus *Odontoglossum* scheint gegen die Hitze empfindlicher zu sein als das nahe verwandte Genus *Oncidium*; denn eine Species findet sich in einer mittleren Temperatur von 49° F. = 7,6° R., wo es sogar gefriert. Die andern sind auf Bergabhängen so zerstreut, dass sie die niedrigste Gränze von ihrer Gattung erreichen; wo die mittlere Temperatur auf-

ich, dass einige Species nicht gut blühten; ich kam auf den Gedanken, sie anfangs Juli ins Freie zu bringen. Die Pflanzen, welche ich herausstellte, waren: *Brasavola glauca*, *Cymbidium marginatum*, *Cypripedium insigne*, *Dendrobium Pringianum*, *D. speciosum* und *Lycaste Skinneri*. Sie wuchsen vollkommen schön, obgleich der Thermometer Morgens manchmal nur 5° R. zeigte. Während des Tages betrug die Temperatur im Schatten oft 13°. Tetschen ist häufigen Temperaturwechseln unterworfen; der Ort ist von Bergen umgeben und es fliesst im Thale die Elbe, die zuvor schon alle Gewässer Böhmens aufgenommen hat. Ende August brachte ich die Pflanzen ins Haus zurück. Nach kurzer Zeit kamen die Blumenknospen zum Vorschein, welche bald sehr vollkommene Blumen entwickelten. Dieses glückliche Resultat veranlasste mich, das gleiche Experiment in grösserer Ausdehnung zu versuchen und ich habe dieses Verfahren bisher jedes Jahr wiederholt, so dass ich jetzt in der Lage bin 75 Species oder Varietäten 3 Monate lang im Jahre, nämlich Juni, Juli und

---

steigt zu 75° F. = 19,1° R., wo es niemals kälter als 55° F. = 16,2° R. und nicht wärmer als 80° F. = 21,3° R. wird, ist nicht eine einzige von der Rasse zu finden, ausgenommen eine *Schomburgkia*, eine *Burlingtonia*, ein *Odontoglossum* und ein *Jonopsis*. In den auf der gleichen Höhe mit der Meeresküste gelegenen heissen Ländern scheinen die Orchideen nicht existenzfähig zu sein. Es ist indess klar, dass die columbianischen Species kein Bedürfniss nach höherer Temperatur haben, ja viele sogar eine niedere vorziehen. Wie uns Humboldt sagt, kommen nicht weniger als 13 Species zwischen 3000—3300 M. hoch vor, und es ist dort so kalt, wie in der Mitte des Monats März nahe bei Paris; 19 Species, wo die mittlere Temperatur der von Paris im Monat Mai gleicht, während die mittlere Temperatur von der Zone zwischen 1500—1800 M., wo der grösste Theil davon existirt, nur die von Paris im August ist.

Diese und viele andere Thatsachen der Art werden jedem verständigen Beobachter auffallen; unter anderem zeigen sie dem Gärtner, wie wichtig ihm das Studium der Pflanzen-Geographie sein soll; aber auf der andern Seite auch dem Sammler, wie nothwendig es ist, die kleinsten Umstände anzugeben; denn allgemein gehaltene Bemerkungen reichen fast niemals aus.

Durch die Behauptung eines generalisirenden Reisenden wurden wir verleitet zu glauben, dass die Masdevallien alle ein kaltes Clima verlangen, weil die Masse unter 2700 M. verschwindet; wie irrig ist diese Ansicht, denn wir finden ja eine Species, die einer 1500 M. niedrigeren Zone angehört und welche eine Temperatur hat, die um 16° höher ist.

Man darf jedoch nicht glauben, dass bei der Cultur von Orchideen die Temperatur allein zu erwägen ist; auch die Feuchtigkeit, das Licht und der atmosphärische Druck sind dabei sehr zu berücksichtigen. Leider haben wir nur wenig Kenntnisse in Betreff der ersteren und die zwei letzteren sind ausser unserer Controle. Der Uebers.

August ins Freie zu setzen. Ich wähle einen halbschattigen Platz aus, wohin ich einige eichene Baumstümpfe bringe und auf diese meine Korborchideen stelle. Zwischen diese Baumstümpfe pflanze ich Farnkräuter, einige *Philodendron pertusum*, *Tradescantia zebrina* und *viridis* und *Cissus marmorea*, um so einen hübschen Effekt hervorzubringen. Um die Pflanzen vor den sengenden Sonnenstrahlen und sehr heftigen Regengüssen zu schützen, überdecke ich den Platz mit Canevas, suche aber zu viel Schatten zu vermeiden; denn ich finde, dass Pflanzen, welche zu viel beschattet werden, niemals so gut blühen wie andere, bei denen dies nicht der Fall ist. Die Bewässerung geschieht auf die in den Häusern übliche Weise. Dieses Jahr ist die Temperatur verschiedene Male bis auf $4°$ gefallen, die Pflanzen haben aber nicht im mindesten gelitten; sie sind sogar kräftiger und es blühten selbst mehrere davon. Diese Erfahrung zeigt, dass viele Gärtner ihre Orchideen und andere exotische Pflanzen zu warm halten. Alle Pflanzen verlangen, um wohl gedeihen zu können, eine Ruheperiode. Es folgt hier eine Liste von Orchideen, welche von mir auf die angegebene Weise behandelt wurden":

Barkeria spectabilis, Batem.
Brasavola glauca, Lindl.
Calanthe striata, R. Br.
Cattleya citrina, Lindl.
Coelia macrostachya, Lindl.
Cypripedium insigne, Wall.
„ *insigne var. parviflorum*, Rchb. f.
Dendrobium calamiforme, Lodd.
„ *Jenkinsii*, Wall.
„ *Pringianum*, Bidw.
„ *speciosum*, Sm.
Epidendrum Candollei, Lindl.
„ *cochleatum*, L.
„ *diffusum*, Sw.
„ *falcatum*, Lindl.
„ *radiatum*, Lindl.
„ *selligerum*, Batem.
„ *Skinneri*, Batem.
„ *varicosum*, Batem.
„ *virgatum*, Lindl.
„ *vitellinum*, Lindl.

Gongora galeata, Rchb. f.
„ *Batemani*, Rchb. f.
„ *luteola*, Rchb. f.
Laelia acuminata, Lindl.
„ *albida*, Batem.
„ *anceps*, Lindl.
„ „ *var. Barkeriana*, Hort.
„ „ „ *superba*, Hort.
„ *autumnalis*, Lindl.
„ *candida*, Hort.
„ *furfuracea*, Lindl.
„ *Galeottiana*, Morren.
Lycaste majalis, Lindl.
„ *rubescens*, Lodd.
„ *superbiens*, Lindl.
„ *violacea*, Rchb. f.
„ *aromatica*, Lindl.
„ *Colleyi*, Lindl.
„ *consobrina*, Rchb. f.
„ *cruenta*, Lindl.
„ *Skinneri*, Lindl.

Lycaste Sk. var. *alba,* Hort.
„ „ „ *latimaculata,* Hort.
„ „ „ *leucochila,* Hort.
„ „ „ *picta,* Hort.
Maxillaria cucullata, Lindl.
„ *tenuifolia,* Lindl.
Odontoglossum bictoniense, Lindl.
„ *citrosmum,* Lindl.
„ *Cervantesii,* Lindl.
„ *grande,* Lindl.
„ *Jnsleayii,* Lindl.
„ *laeve,* Lindl.
„ *nebulosum,* Lindl.
„ *pulchellum,* Batem.
„ „ var. *grandiflorum,* Hort.

Oncidium bicallosum, Lindl.
„ *filipes,* Lindl.
„ *leucochilum,* Batem.
„ *microchilum,* Batem.
„ *sphacelatum,* Lindl.
„ *suave,* Lindl.
Sobralia decora, Batem.
„ *dichotoma,* R. et Pav.
„ *Liliastrum,* Lindl.
„ *macrantha,* Lindl.
„ *violacea,* Lindl.
Stanhopea connata, Rchb. f.
Trichopilia tortilis, Lindl.
„ „ var. *pallida,* Hort.

Obgleich viele Orchideen, wie durch die eben angeführte Collection bewiesen ist, in niedriger, feuchter Temperatur oder selbst im Freien gut gedeihen, so ist es doch wesentlich nothwendig, dass eine passende Auswahl unter solchen Genera und Species, welche nur kühlere Temperatur ertragen, getroffen wird, da man sich sonst auf traurige Resultate gefasst machen muss. Es würde wohl Niemanden einfallen zu glauben, dass *Phalaenopsis, Aerides, Vanda* und *Dendrobium,* welche aus den tiefliegenden feuchten tropischen Regionen stammen, in der sehr kühlen und feuchten Temperatur, die für Odontoglossen und Oncidien so geeignet ist, mit Erfolg gezogen werden könnten. Die letzteren können auch die trockene Ruheperiode, welche für die meisten der tropischen Dendrobien so nothwendig ist, nicht ertragen. Einige Züchter meinen diese Pflanzen, wie z. B. Odontoglossen, stammen nicht aus einem kühlen Clima. Wir können ihnen wohl ihre eigene vorgefasste Idee in dieser Beziehung lassen und behaupten nur, dass sie in England in kühler feuchter Temperatur so gut, ja sogar noch besser gezogen werden können als in der hohen Temperatur, die sie empfehlen. Ich bestreite die Ansicht, dass nur wenig daran liegt, wie die natürliche Temperatur in ihren einheimischen Standplätzen beschaffen ist; wenn sie aber bei uns hier in einer weit kühleren Temperatur gedeihen, so ist es um so besser. Es ist ein grosser Missgriff Feuerwärme zu gebrauchen, wenn sie nicht erfordert wird. Erstens ist sie widernatürlich, selbst wenn sie so viel wie möglich durch Feuchtigkeit gemildert wird; und zweitens verursacht sie viel Mühe und Kosten für den Gärtner sowohl wie für seine Herrschaft; ich bin überzeugt, dass eine grosse Zahl wirklich schöner Orchideen, während des ganzen Sommers vollkommen gut ohne Feuerwärme gedeihen, und dass die Feuerwärme während der Wintermonate auf ein Minimum beschränkt werden kann, dadurch, dass das Haus sorgfältig gegen den Frost verwahrt wird. Man soll aber nicht glauben, dass ich die werthvollen Nachrichten nicht kenne, welche uns von Sammlern und Reisenden über die natürlichen Verhältnisse, unter welchen die Pflanzen auswärts wachsen, mitgetheilt werden. Die Kenntniss davon ist für unsere Cultur bis zu einem gewissen Grad dienlich, obwohl man nicht in allen Fällen, selbst wo es möglich wäre, sich auf das genaueste nach den natürlichen Verhältnissen und den Umgebungen, unter welchen die Pflanzen in ihren einheimischen Standorten gefunden werden, richten kann. Einige von den von Moulmein stammenden Dendrobien sind z. B. während der trockenen Jahreszeit versengt und eingeschrumpft; daraus folgt aber nicht, dass sie irgend wie besser daran wären als unsere Wiesen und Weiden bei der sengenden Sonnenhitze unserer Sommer und gleichzeitigem Mangel an Feuchtigkeit.

Bei unserer künstlichen Orchideencultur können wir die Pflanzen mit einer unbegränzten Menge von Feuchtigkeit versehen und können für diejenigen, die es verlangen, eine hohe Temperatur unterhalten; aber das dritte wichtige Erforderniss steht nicht in dem Maasse zu unserer Verfügung, nämlich das Licht, das aber glücklicherweise für die kühlen Orchideen nicht ganz so wesentlich nothwendig ist, als für die indianischen Dendrobien, Phalaenopsis u. s. w. Oberstlieutenant Benson berichtet uns, dass die Blumen der hier zu Lande cultivirten Dendrobien in Färbung und Glanz mangelhaft sind; daran ist ohne Zweifel unsere verhältnissmässig dunkle wolkige Atmosphäre schuld.

Ein anderes wichtiges Erforderniss bei der Orchideencultur im Allgemeinen und besonders bei den kühleren Orchideen ist volle und reichliche Ventilation, nicht nur bei Tag, sondern auch während der Nacht; natürlich müssen aber kalte Luftströmungen vermieden werden, und zwar dadurch, dass man grobes Gaze oder durchlöchertes Zink über den Oeffnungen der Luftklappen anbringt. Wenn die Zuführung der Luft während des Tages wohlthätig auf die Pflanzen wirkt, warum soll dies nicht auch in der Nacht der Fall sein? Ich konnte niemals den Grund einsehen, warum die Pflanzenhäuser während der Nacht fast hermetisch verschlossen gehalten werden sollten, wie dies so häufig geschieht. Eine kühle und luftige Nachttemperatur erzeugt viel eher Gesundheit und Kraft, als eine warme und dies ganz besonders bei Odontoglossen, Oncidien und überhaupt bei den Orchideen aus den mexicanischen und peruvianischen Anden. Herr J. Bateman empfahl vor einigen Jahren das System der kühlen Behandlung als ein bei einer grossen Zahl sehr schöner und interessanter Orchideen anwendbares und er bewies dessen Nützlichkeit aus seinen Erfahrungen bei einer der schönsten Sammlungen der Welt und gab so die Anregung zur kühlen Orchideencultur, welche jetzt schon häufig nachgeahmt und die sich immer mehr verbreiten wird. Ich habe manche Orte besucht, wo die Orchideen in kühler Temperatur gezogen werden und muss gestehen, dass ich sie nie anders als gesund gefunden habe, ausser wo die Feuchtigkeit nur spärlich vorhanden war oder eine trockene Atmosphäre während der Wintermonate unterhalten wurde. Ich würde zur Eintopfung und Einstellung ins kühle Haus, um sie zum Antreiben zu bringen, ganz besonders die importirten *Odontoglossum* empfehlen, welche jetzt glücklicherweise in grossen Quantitäten eingeführt werden. Wenn es gesunde, kräftige Exemplare sind, so werden sie unter diesen Verhältnissen viel besser treiben als in einer zu warmen Temperatur. Importirte Pflanzen brauchen nicht so viel Wasser als wie eingewöhnte (acclimatisirte); es muss jedoch eine feuchte Atmosphäre unterhalten werden, um ein Zugrundegehen der Knollen durch Ausdünstung zu verhindern. Bei hellem Sonnenschein muss sorgfältig beschattet werden, da sonst die Ausdünstung ihre Kraft beeinträchtigt, selbst wenn gleichzeitig eine feuchte Atmosphäre unterhalten wird. Diese letzte Bemerkung verdient die Aufmerksamkeit der Pflanzenzüchter, da die Wahrheit derselben durch keine geringere Autorität als Dr. Mac Nab vom Cirencester College nachgewiesen wurde. Ich weiss wohl, dass die Respiration ganz nothwendig ist, besonders bei sehr kräftigen Pflanzen; aber wenn unbewurzelte oder kränkliche Pflanzen der Sonne ausgesetzt werden, so ist dies der sicherste und rascheste Weg, um ihren Lebenssaft vollständig zu schädigen. Eine ausserordentlich schwache Constitution wird die Folge davon sein und viele werden sogar zu Grunde gehen. Es kann dem entgegengehalten werden, dass in den tropischen Ländern einige Arten vollständig der Sonne ausgesetzt sind und an den am meisten ausgesetzten Orten am besten gedeihen. Dies kann ich nicht bestreiten, weil ich es von glaubwürdigen Männern erfahren habe, welche dort Exemplare von *Dendrobium*, besonders von *Dendrobium formosum*, an solchen Plätzen gesammelt haben. Aber in den tropischen Ländern sind sie in ihrem natürlichen Zustand, da spielt die Luft rings um sie und sie sind nicht der Einwirkung eines Wärme ausstrahlenden Glasdaches, einer durch und durch trockenen unnatürlichen Wärme, die aus dem Heizungsapparat ausströmt, d. h. einer ungesunden Atmosphäre unterworfen. Es ist mit Recht bemerkt worden, dass Umstände die Verhältnisse ändern, und dies trifft besonders im gegebenen Falle zu, wo wir auf einer Seite eine Pflanze im reinen unverdorbenen Naturzustand haben, und auf der andern Seite vielleicht dieselbe Pflanze inmitten einer Verkettung künstlicher Umstände und Verhältnisse zwischen welchen, anstatt vollständiger Harmonie und friedlicher Ruhe, ein immerwährender Kampf vor sich geht.

Man sagt uns häufig, dass die Orchideen ein besonderes Haus für sich verlangen, aber es kann wahrlich nicht leicht ein grösserer oder thörichter Irrthum verbreitet werden, dass die Orchideen ausschliesslich seien, d. h. dass sie einige abgesonderte Theile unserer Erde einnehmen mit Ausschluss jeder andern Vegetation. Wir können Palmen, Melastomaceen, Begonien, Farne, Peperomien in einem gewöhnlichen Warmhaus cultiviren, aber die Orchideen, welche auf ihren einheimischen Standorten neben ihnen wuchsen, sollen in einem Local — Orchideenhaus genannt — untergebracht werden müssen, ehe man erwarten könne, dass sie in unsern Gärten gedeihen. Es gibt bei uns Hunderte von Warmhäusern, wo die Orchideen eben so gut wie in dem besten Orchideenhaus, das je errichtet worden ist, erzogen werden könnten, wären nicht diese abergläubischen Grundsätze die von Vielen in jener Richtung noch festgehalten werden.

Man kann als Regel aufstellen, dass, wo immer Farnkräuter und zartblättrige Pflanzen gedeihen, da auch die Orchideen oder wenigstens viele davon üppig wachsen würden, und zwar oft mit weit grösseren Aussichten auf Erfolg als in unsern sogenannten Orchideenhäusern, welche, obgleich wünschenswerth, doch nicht unbedingt nothwendig bei der Orchideencultur sind.

Winke in Beziehung auf die Anschaffung von Orchideen.

Beim Einkauf von Orchideen sind einige wichtige Fragen in Betracht zu ziehen. Manche Liebhaber ziehen es vor, mit eingewöhnten Pflanzen anzufangen und diese sind noch an den meisten Orten die besten, namentlich wenn kein specieller Orchideenzüchter vorhanden ist; aber wo schon eine gut eingewöhnte (acclimatisirte) gesunde blühbare Sammlung und ein gewandter intelligenter Orchideenzüchter vorhanden ist, da können von Zeit zu Zeit einige neu importirte gute Pflanzen hinzugefügt werden. Thatsache ist es, dass Tausende von schönen Orchideen aus den höheren Gebirgsgegenden des südamericanischen Continents oder vom nördlichen Indien dadurch zu Grunde gingen, dass man sie einer zu hohen Temperatur und einer trockenen ungesunden Atmosphäre aussetzte.

Die Orchideen haben von Natur ein sehr zähes Leben und zwar ein weit zäheres als viele Erikenarten und andere hartholzige Pflanzen; aber Hunderte gehen jährlich zu Grunde durch zu hohe Temperatur und viel zu wenig Feuchtigkeit. Daher sagt man uns oft, dass die Orchideen sehr schwer zu etabliren und nachher sehr kostspielig zu behandeln seien. Dies ist jedoch in Betreff der Orchideen, welche in kühler Temperatur gezogen werden können, unrichtig. Es ist sehr wohl bekannt, dass importirte Pflanzen stets in weit weniger Zeit zu schönern Exemplaren herangezogen werden können als eingewöhnte, welche durch schlechte Behandlung entkräftet worden sind.

Wer Orchideen kaufen will, für den gibt es viele Wege und will ich nur einen oder zwei von diesen anführen. Vorausgesetzt, dass man die Orchideen gut kennt, kann man seinen Bedarf in einer guten Handelsgärtnerei an der Hand eines Orchideencatalogs kaufen. Grosse Vortheile sind dadurch zu erlangen, dass man die Orchideen in grösserer

Menge kauft, namentlich in solchen grossen Handelsgärtnereien, wo sie eine Specialität bilden und wo man besonders günstige Notirungen erlangt. Manche Züchter, die immer mit Einwendungen bei der Hand sind, werden sagen, dass Dutzende oder Halbdutzende zu viel für sie seien; zwei oder drei Stücke davon sind Alles was sie verlangen. Diesen ist zu rathen, sich mit benachbarten Züchtern in Verbindung zu setzen und so eine Art Gesellschaft zu bilden, um gemeinsam eine grössere Anzahl Pflanzen zu kaufen und sie dann unter sich zu vertheilen. Doch sollten manche kühle Temperatur vertragende Orchideen in jeder Collection in grösserer Menge gezogen werden; bei richtiger Behandlung werden sie jeden Monat des Jahres eine reiche Anzahl Blumen liefern. In der That können da, wo *Odontoglossum Alexandrae* in grösserer Zahl gezogen wird, einige davon fast das ganze Jahr hindurch in der Blüthe sein.

Jeder der Orchideen zu ziehen beabsichtigt, sollte mit den üppigwachsenden und reichblühenden Species anfangen und wenn diese gedeihen, was sicher der Fall sein wird, wenn sie rationell behandelt werden, so können die neueren und selteneren Arten gelegentlich hinzugefügt werden. Der erste Anfang von fast jeder Orchideensammlung ist nur eine Reihe von Versuchen, und es ist stets das beste, lieber mit den gewöhnlichen Pflanzen zu experimentiren als mit den selteneren und folglich werthvolleren Species.

Viele Liebhaber haben einen besonderen Gefallen an der Anschaffung von neu importirten Pflanzen und diese ist sehr häufig im Auctionszimmer möglich. Ich mache dieselben übrigens darauf aufmerksam, dass sie mit verschiedenen Handelsgärtnern oder deren Specialisten zu concurriren haben; also mit Leuten, die in den meisten Fällen umfassende Kenntnisse und reichliche Erfahrung in Betreff der Pflanzen haben, welche sie zu kaufen wünschen.

Importirte nicht blühende Orchideen üben stets eine besondere Anziehungskraft auf den Liebhaber aus. Es ist ein schönes Vergnügen, die langsam sich entfaltenden Knospen einer Pflanze zu überwachen, welche in Europa vielleicht das erste Mal blüht. Dazu kommt, dass immer die Möglichkeit vorhanden ist, einige neue oder seltene Species oder Varietäten zu erhalten. Z. B. Herr Titley von Gledhow (Leeds) und Herr Stead von Baildon waren beide so glücklich, bei einer importirten Sendung von *Lycaste Skinneri* die edle *C. alba* zu gewinnen. Das zarte hübsche *Cypripedium niveum* wurde als *C. concolor* gekauft und die liebliche *Phalaenopsis Luddemanni* wurde als *Ph. (equestris) rosea* gekauft. Das goldige *Oncidium Marshallianum* wurde bis es blühte für das alte und wohlbekannte *O. crispum* gehalten. Doch es ist nicht Alles Gold was glänzt und mit dem Vertrauen auf den Habitus und auf die äusserlichen Merkmale kann man arg getäuscht werden, wie z. B. das dunkle *Oncidium pubes* für das glänzende *O. (sarcodes) amictum* angesehen wurde. Die grösste von allen Oncidien, *O. macranthum*, hat in der äussern Erscheinung sehr grosse Aehnlichkeit mit vielen andern an Schönheit weit geringeren Species. Die Sammler würden nicht sehr angenehm überrascht sein, wenn sie anstatt *O. macranthum* das unschön blühende *O. macropus* erhalten würden; im Habitus sind aber beide Species einander gleich. Dieselbe Bemerkung passt im gleichen Maasse auch auf Reichenbach's gestreiftes *Oncidium (O. zebrinum)*. Die Dendrobien variiren sehr stark im Habitus, je nach den Verhältnissen, unter welchen sie wachsen. In der Orchideensammlung in Fairfield hat ein *Dendrobium Farmerii* ihre Knollen gerade so verlängert, wie *D. densiflorum*; diese Knollen wurden 20—26 Cm. lang, während sie zur Zeit des Empfangs die kurze dicke viereckige Knolle hatte, wie sie dieser Art eigen ist. *D. bigibbum* ist eine sehr seltene und werthvolle Art, aber wer diese Pflanze haben möchte, darf sie mit dem schmutziggrün und purpurfarbig blühenden *D. brisbanensis*, welche ihr im Habitus genau ähnelt, nicht verwechseln.

Oncidium splendidum gleicht dem armen *O. microchilum* und es gibt viele andere Orchideen, welche im Habitus einander sehr ähnlich sind, und zwar in dem Grad, dass es selbst erfahrene Züchter schwierig finden, sie zu unterscheiden, selbst wenn sie im frischen Zustande sind, aber noch viel weniger, wenn sie nach der Einführung eingeschrumpft sind. *Schomburgkia crispa* und *Laelia superbiens* sind im Habitus nahezu identisch, während *Odontoglossum cordatum* und *O. maculatum* einander im Blattwerk und in den Scheinknollen sehr ähnlich sind. *Cypripedium caudatum* und *Uropedium Lindeni* sind im Habitus gleich und es ist nur ein kleiner Unterschied zwischen *Cattleya Skinneri* und dem orangeroth blühenden *Epidendrum aurantiacum*. Einige Formen von *Dendrobium Pierardi* sind denen des eleganten *D. Devonianum* nahezu ähnlich, besonders wenn sie ihres Blattwerks beraubt sind, wie dies gewöhnlich nach der Einführung der Fall ist. Die Scheinknollen von *Odontoglossum Pescatorei* sind denen von *O. trium-*

phans etwas ähnlich; in diesem Falle würde man zwar bei einem Missgriff nur eine kleine Enttäuschung haben, indem beide schön sind. *Cattleya labiata* und *C. Warneri* sind im Habitus beinahe gleich, wie überhaupt alle die zahlreichen Formen dieser schönen Gruppe.

Nach kurzem Studium und bei genauer Beobachtung werden die characteristischen Merkmale der Orchideen sich dem Auge und Gedächtniss einprägen, obgleich selbst die erfahrensten Fachmänner sich noch manchmal in ihren äussern Merkmalen täuschen, da diese natürlich viele Veränderungen erleiden, je nach den verschiedenen örtlichen Verhältnissen, welchen sie in ihren einheimischen Standorten unterworfen sind. Es ist, wie schon erwähnt, immer die Möglichkeit vorhanden, neue oder seltene Varietäten zu erlangen, und die Chancen sind in dieser Beziehung viel günstiger, wenn, wie es gewöhnlich der Fall ist, der Sammler nicht alle Pflanzen in der Blüthe sieht. Wenn sie von einheimischen sachverständigen Botanikern gesammelt werden, so werden sie natürlich in den meisten Fällen unter dem richtigen Namen nach England eingeführt und unter diesen Namen verkauft werden. Importirte Pflanzen werden von den meisten Orchideenzüchtern um beträchtlich niedrigere Preise verkauft als eingewöhnte. Man wird durch die Cultur von kühlen Orchideen im Verhältniss zu der ausgegebenen Geldsumme mehr Vergnügen haben als vielleicht durch die Cultur der viel theueren, aus den tropischen Niederungen stammenden Arten.

Viele von den schöneren Species sind gegenwärtig um einen Preis zu bekommen, der kaum höher ist als der der bessern Warm- und Kalthauspflanzen, während ihre Cultur nicht mehr kostet als die der gewöhnlichen Pflanzen des Kalthauses. Wir finden manchmal, dass Herrschaften, wenn sie ihre Pflanzen in schlechtem Zustand sehen so verdriesslich werden, dass sie keine anderen oder seltenen Pflanzen mehr anschaffen wollen und in vielen Fällen die Cultur der Orchideen einfach aus dem Grunde ganz aufgeben, weil sie in der Wahl der die Pflanzen cultivirenden Personen unglücklich waren. Man lasse den Orchideen nur eine vernünftige Behandlung angedeihen mit reichlicher Feuchtigkeit sowohl an den Wurzeln als in der Atmosphäre, und man wird nicht darüber zu klagen haben, dass sie so schwierig zu behandeln seien. Die Orchideen sind Pflanzen, welche am wenigsten zu Grunde zu richten sind, wenigstens nach den verschiedenen Systemen der Behandlung zu urtheilen, denen sie unterworfen werden. Vollkommener Erfolg ist aber nur dann sicher, wenn sie gleich von der Einführung an einer fortwährend regelmässigen Cultur unterworfen werden; man wird dann anstatt eines schlaffen Blattwerks und eingeschrumpften Scheinknollen starke gesunde Pflanzen haben, welche eine reiche Zahl grosser feingebildeter Blumen hervorbringen. Durch zu grosse Feuchtigkeit in der Atmosphäre ist es nicht möglich, die Orchideen zu Grunde zu richten, wohl aber werden jährlich viele Hunderte durch zu trockene Luft im Hause vernichtet. Man mache nie Experimente mit werthvollen Arten, man befolge die übliche und bewährte Behandlungsweise und experimentire, wenn je experimentirt sein muss, nur mit gemeinen und billigen Orchideenarten.

Eintopfung und Begiessung der Orchideen.

Dies sind wichtige Operationen und sie müssen in Verbindung mit der atmosphärischen Feuchtigkeit als die Grundlage der Orchideencultur betrachtet werden. Durch die Zersetzung von Pflanzenstoffen wird stets kohlensaures Gas in grösserer oder kleinerer Menge frei und dieses Gas in Verbindung mit kleinen Quantitäten von Ammoniak ist sehr wohlthätig, ja sogar nothwendig für das Wachsthum und die Kraft aller Pflanzenarten*. Es ist eine bemerkenswerthe Thatsache, dass die meisten kühlen Orchideen in verwesenden, sich zersetzenden

---

* Herr Bouché, Inspector des kgl. bot. Gartens bei Berlin sagt hierüber in den „Verhandlungen zur Beförderung des Gartenbaues in den kgl. preuss. Staaten" Folgendes: Der spärliche und träge Wuchs vieler Orchideen haben ihn zu der Vermuthung veranlasst, dass die Atmosphäre unserer Orchideenhäuser zu nahrungslos und unfruchtbar sei, um den in der Luft schwebenden Wurzeln die hinreichende Nahrung zu bieten, und einer künstlichen Nachhilfe bedürfe, die er dadurch habe herstellen wollen, dass er im Orchideenhause die Pflanzen, den Fussboden und die Röhren der Wasserheizung mit Wasser, welches auf verwesenden Hornspänen stand, habe bespritzen lassen, oder auch Hornspäne unter die Stellage ausbreiten und mit Erde bedecken liess, um dadurch die Luft reicher an Ammoniacalien zu machen. Es sei nicht zu bezweifeln, dass die Atmosphäre in den tropischen Urwäldern, wo eine Menge vegetabilischer und thierischer Substanzen ununterbrochen und zwar in grosser Menge sehr schnell der Zersetzung unterliegen, die Atmosphäre für Menschen zwar ungesund, für die Pflanzen indessen bei weitem nahrhafter sein müsse. (Anm. d. Uebers.)

Pflanzenstoffen am besten wachsen. Diese Bemerkung trifft besonders bei den Masdevallien und Odontoglossen zu. Die meisten Cypripedien werden in torfigem Lehm wachsen (loam der Engländer)*; aber je mehr Fasern derselbe enthält, desto besser werden sie fortkommen, was entschieden beweist, dass sie ihre Nahrung mehr aus darin enthaltenen, sich zersetzenden Pflanzenstoffen beziehen, als aus den mineralischen oder Erdbestandtheilen des Compostes.

Jeder Züchter weiss ferner, wie kräftig das alte *Cypripedium insigne*, *C. barbatum* und die Varietäten derselben in Torf, Sand und getrockneten Kuhfladen wachsen, und dies ist beinahe ausschliesslich ein Compost von sich zersetzenden Pflanzenstoffen. Der Sand hat natürlich keinen ernährenden Einfluss auf die Pflanze, aber er erhält den Compost in porösem Zustand. Da ich von Sand spreche, so möchte ich empfehlen, bei der Wahl desselben grosse Sorgfalt anzuwenden,

Lager von Sumpfmoos.
Kleine Scherben.

Grosse Scherben.

Fig. 1. Mit Drainage versehener Orchideentopf.

denn mancher, in kalksteinhaltigen Gegenden gewonnener Sand ist wegen der Menge des darin enthaltenen Kalks schädlich. Der Sand muss sorgfältig gewaschen werden und wenn das Wasser milchartig wird, ist er nicht zu gebrauchen, da er in diesem Falle mehr schadet als nützt.

* In Deutschland verwendet man allgemein gute Heideerde, Holzkohlen und Topfscherben, wenn man die Pflanzen in Töpfen zieht, da uns der loam fehlt. Dieser loam ist dem unsrigen nicht gleich; loam bedeutet bei den Engländern eine besondere, vegetabilisch-fettige Erde von hellbräunlicher oder bräunlich-gelber Farbe, die auf Wiesen und anderen Orten gefunden wird. Sie ist nicht wie der Lehm von bindender Natur, sondern meistens aus Vegetabilien entstanden, locker und folglich eine vorzügliche Rasenerde. „Turfy-loam" ist dasselbe, nur etwas Torf- oder Moor-artiges darunter; „Sandy-loam" sandiger Lehm; „Riche-loam" reicher, fruchtbarer Lehm; „Stiff-loam" etwas bindender Lehm, u. s. w.

(Anm. d. Uebers.)

Bei der Eintopfung der Orchideen muss vollkommene Reinlichkeit herrschen, nicht nur in Beziehung auf die Töpfe selbst, sondern auch in Beziehung auf die Drainage oder die Scherben, welche vor dem Gebrauch sorgfältig durch und durch gewaschen und dann getrocknet werden müssen. Bei *Odontoglossum, Oncidium* und *Masdevallia* müssen die Töpfe wenigstens bis auf die Hälfte, lieber mehr als weniger, mit Scherben aufgefüllt werden, indem man eine Schichte ganz kleiner Stücke oben auf die grösseren legt (Fig. 1), damit der Compost nicht durchgeschwemmt wird, und damit das überflüssige Wasser zu rasch abfliesst.

Der Compost (Mischung) selbst muss aus wirklich gutem faserigem Lehm (loam) bestehen, welchem ungefähr $1/4$ gut getrocknete Pferdeäpfel (Pferdemist), ein wenig geschnittenes, lebendes Sumpfmoos und einige zerschlagene Topfscherben beigefügt werden können*; ausserdem eine hinreichende Menge von grobem, gut gewaschenem Flusssand, da der gewöhnliche weisse Sand in der Regel zu diesem Zwecke zu fein ist. Diese Mischung ist zum Gebrauch für die meisten kühlen Orchideen am besten und wenn sie auf eine gute Drainage gebracht wird, wird sie sich durch ihre capillarische Anziehung als gute Wasserhälterin zeigen. Dies sind die Grundsätze, nach welchen man alle Orchideen erziehen sollte. Selbstverständlich darf der Abfluss der überflüssigen Feuchtigkeit nicht gehemmt werden, da sonst die Erde bald sauer werden und die Wurzeln faulen würden. Es ist wiederholt bemerkt worden, dass die kühlen Orchideen, besonders *Odontoglossum*, während ihres Wachsthums an den Wurzeln nie zu viel Wasser erhalten können, wenn nur der Compost frisch und weich und die Drainage vollkommen ist. Dasselbe gilt auch für die glänzende Erdorchidee vom Cap, *Disa grandiflora*. Diese muss neben reichlicher Feuchtigkeit an den Wurzeln während des vollen Wachsthums noch mehrere Male des Tages· bespritzt werden; sie muss in einem sehr kühlen Haus oder Kasten in einer schattigen Lage gehalten werden**.

---

* Die Erdorchideen bedürfen eines gewöhnlichen zerbröckelten Bodens, dessen Hauptbestandtheile Wiesenlehm, Stücke von Holzkohlen und Lauberde, sowie oben angeführte weitere Ingredienzien sind, während die Epiphyten, die in etwas Erde gut gedeihen, eine besondere fasrige, torfige Heideerde, dann auch Stücke von Holzkohlen, geschnittenes Moos, verweste Holzstücke und einen guten Wasserabzug verlangen. (Anm. d. Uebers.)

** Der einheimische Standort, auf welchem *Disa grandiflora* wächst, wurde von Dr. Harvey wie folgt beschrieben: „Diese Höhe (Tafelberg) ist besonders zu der Zeit, wo diese Orchidee blüht, häufig mit Nebel bedeckt. Es ist dort auch

Nachdem der Topf drainirt worden ist, legt man eine dünne Schicht von möglichst gutem Sumpfmoos darauf und dann auf dieses die Mischung*. Die Wurzeln der Pflanze werden dann sorgfältig ausgebreitet und fest aber vorsichtig mit der Mischung angedrückt, damit sie nicht zerquetscht oder verwundet werden, da sie sonst faulen würden. Man achtet darauf, dass die Basis der Knollen ein wenig über den Topfrand zu stehen komme und begiesse zuerst nur spärlich, bis die Erzeugung von frischen Wurzeln eine reichere Begiessung verlangt.

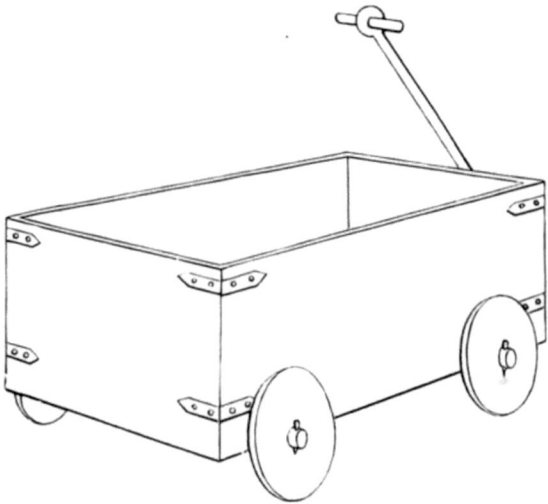

Fig. 2. Beweglicher Wasserkarren.

Die beste Begiessungsart für gut etablirte, gesunde Pflanzen ist die mittelst eines galvanisirten eisernen, oder hölzernen 1,20 Meter langen, 60—75 cm. breiten und 60—90 cm. tiefen Troges, welchen man auf einen niedrigen, mit 4 soliden hölzernen Rädern versehenen

---

sehr kalt, und der Nebel kommt stets in Begleitung von einem sehr kalten Südostwind. Nach dem Nebel folgen die dort noch in später Jahreszeit brennenden Sonnenstrahlen. Die Pflanze wächst nur längs der Abhänge an Sümpfen und den lockern Rändern der Stromufer, welche im Winter wahrscheinlich so angeschwollen sind, dass sie überflutet werden. Diese Ränder sind fast vollständig mit *Disa grandiflora* besetzt; aber unmittelbar darüber steht beinahe immer eine Reihe von Restien, deren Blätter über erstere hängen und dadurch Wurzel und Blätter derselben beschatten, so dass nur die Blumen, welche sich durch die Blättermassen durcharbeiten, sichtbar sind. (Anm. d. Uebers.)

* In Ermanglung von Sumpfmoos thut es auch frisches Waldmoos.
(Anm. d. Uebers.)

Karren stellt und mit lauwarmem weichem Wasser beinahe voll füllt. Dieser Karren (Fig. 2) wird durch das Haus hindurch geführt und es werden die Pflanzen oder vielmehr die Töpfe hineingetaucht und so lange darin gehalten, bis sie vollständig gesättigt und durchnässt sind. Dies ist das beste Mittel um den Wurzeln von gesunden Pflanzen während ihrer Wachsthumsperiode Wasser zuzuführen; es darf aber nicht angewendet werden, wenn die Mischung in den Töpfen nicht vollständig porös und gut drainirt ist. Es ist auch das einzige Mittel, um die auf Blöcken befestigten Orchideen an den Wurzeln vollständig befeuchten zu können.

Bei den Begiessungen hat man hauptsächlich das Aussehen der Pflanzen sorgfältig zu beobachten. Wenn sie eine Neigung zum Stillstand im Wachsthum oder zur Ruhe zeigen, so muss man ihnen allmählich das Wasser entziehen und nur so viel geben, um die Einschrumpfung der Knollen zu verhindern. Wenn sie zu treiben und Wurzeln zu machen anfangen, so müssen sie durch Anwendung von mehr Feuchtigkeit sowohl an den Wurzeln als in der Atmosphäre im Wachsthum gesteigert werden, gleichgültig zu welcher Periode des Jahres dies geschieht. Wenn die Feuchtigkeit aus dem Grunde verringert worden ist, weil die meisten im Hause befindlichen Arten im Ruhezustand sind, und wenn eine oder zwei Arten, welche besondere Wärme brauchen (ausgenommen wenn sie im Ruhezustande sind) anfangen zu wachsen, dann müssen diese in eine feuchtere Atmosphäre gebracht werden, z. B. in ein mässig warmes Conservatorium oder in ein temperirtes Haus, wo sie so nahe wie möglich am Glas aufgehängt oder aufgestellt werden; denn während der dunkeln Periode des Jahres verlangen sie möglichst viel Licht.

Alle Orchideen verlangen viel Feuchtigkeit und eine frische, poröse gut drainirte Mischung, und viele derselben werden, wenn diese wesentlichen Bedingungen für sie vorliegen, nicht nur eine mittlere Wintertemperatur von 6—8° R. ohne Schaden ertragen, sondern sogar in dieser verhältnissmässig niedrigen Temperatur einen sehr kräftigen und üppigen Wuchs machen.

Ruhezeit der Orchideen.

Jedem dem diese Classe von Pflanzen bekannt ist, wird gewiss zugeben, dass in der Regel die Ruhezeit zum erfolgreichen Gedeihen wesentlich nothwendig ist. Es ist jedoch bei den verschiedenen Orchideenarten, welche wir cultiviren, ein grosser Unterschied in der Dauer sowohl als der Art und Weise der Ruhe.

Auf ihren einheimischen Standorten sind sie von den atmosphärischen Verhältnissen wesentlich beeinflusst.

Man betrachte z. B. unsere einheimischen Erdorchideen, *Listera* und *Habenaria*. Während des Winters ruhen sie stille unter der Erdoberfläche; aber obgleich sie ruhen, werden sie nichts desto weniger reichlich mit Feuchtigkeit versehen. In ähnlicher Weise wird die glänzende, südafricanische *Disa grandiflora* während ihrer Ruheperiode theilweise oder gänzlich überschwemmt; es ist daher bei ihrer Cultur bei uns nothwendig, sie das ganze Jahr in feuchtem Zustand zu erhalten. Auf der andern Seite treffen wir viele indische Erdorchideen, wie *Cypripedium concolor*, *Phalaenopsis Lowii* und andere, welche während der heissen und trockenen Jahreszeit ruhen und erst mit der Regenzeit zu wachsen anfangen. Das vorhin erwähnte *Phalaenopsis* vertrocknet oft auf ihren einheimischen Felsen in Moulmein in Folge zu grosser Dürre. Bei der Cultur ist es jedoch nicht rathsam, sie einer solchen Behandlung zu unterwerfen, und da sie ihr Blattwerk das ganze Jahr über behält, so ist ihre Ruhezeit bei uns viel weniger zu merken. *Calanthes* — oder lieber *Preptanthes* — kann man 3 Monate lang verhältnissmässig trocken halten, ohne dass es ihnen wesentlich schadet. Dagegen brauchen einige der kühlen *Oncidium* und *Odontoglossum*, wie *Oncidium macranthum*, *O. serratum (diadema)*, *Odontoglossum Alexandrae*, *O. Uro-Skinneri* und viele andere Species, nur wenig Ruhe; die Ruheperiode ist bei diesen sogar auf ein Minimum beschränkt, da sie, wenn man sie sich selbst überlässt, das ganze Jahr über im Zustande des Wachsens und Blühens verbleiben. Diese Eigenthümlichkeit kommt besonders vor, wenn die Pflanzen in kühler, luftiger und feuchter Atmosphäre gezogen werden. *Cattleya* und einige der gleichen Arten, wie *Laelia*, zeigen dieselbe Neigung zu fortwährendem Wachsen, namentlich wenn sie mit Luft und Feuchtigkeit versehen werden und dabei Nachts eine mässig kühle Temperatur von $8-10^0$ R.

haben. Zu bemerken ist indess, dass eine periodische Ruhezeit bei diesen Pflanzen wesentlicher ist, um reichliche Erzeugung von Blumen zu sichern als bei den vorher erwähnten *Oncidium* und *Odontoglossum*. Es gibt indessen ein anderes Mittel Orchideen zur Ruhe zu bringen, welches man leicht übersieht, obwohl es von der grössten Wichtigkeit ist. Kränkliche Pflanzen sollte man auf keinen Fall Blumen erzeugen lassen, da es weit wichtiger ist, sie so viel als möglich zur Erzeugung von Blättern, Scheinknollen und Wurzeln zu bringen. Einige der schönsten *Phalaenopsis* sind in England da zu finden, wo sie nur einmal des Jahres blühen dürfen und selbst bei dieser Behandlung werden die jungen Blumenähren in zweckmässiger Weise verdünnt, so dass die eine oder die zwei welche bleiben die höchste Vollkommenheit erreichen können. Schöne Pflanzen findet man oft auf Plätzen, wo beinahe jede Blumenähre, wenn sie ihre Blüthe entwickelt hat, abgeschnitten wird. Ich kann zur Illustration auf eine der besten Orchideensammlungen Europa's hinweisen, nämlich die des Herrn E. Salt in Ferniehurst bei Leeds. Dort werden die schönen Blumenähren abgeschnitten, sobald sie sich vollständig entwickelt haben. Dieses systematische Verfahren, die Blumen zu entfernen, verschafft den Pflanzen mehr Ruhe als man gewöhnlich vermuthet. Die Folge davon ist ein schöner, kräftiger Wuchs und gehörig ausgereifte umfangreiche Scheinknollen und dadurch sind die Pflanzen weit besser fähig, das nächste Jahr eine reiche Zahl schöner Aehren und gut gebildete Blumen hervorzubringen.

Die blose Erzeugung von Blumen verlangt nur halb so viel natürliche Kraft als die welche nöthig ist, um nicht nur Blumen, sondern auch vollkommene Früchte zu erzeugen, und desswegen sind verhältnissmässig nur wenige cultivirte Orchideen fähig, vollkommenen Samen zu erzeugen, selbst wenn künstliche Mittel dazu angewendet werden. Wie verschieden ist der Zustand schon auf ihren einheimischen Standorten? In fruchtbaren tropischen Gegenden wachsen sie mit einer uns hier unbekannten Kraft und Ueppigkeit und erzeugen in vielen Fällen einen Reichthum von Samen, welcher unter dem Einfluss des tropischen Clima's gereift, durch Zufall auf die Stämme, Aeste und Zweige der Bäume zerstreut wird, in zahlloser Menge keimt, wodurch die von den Sammlern verursachten Lücken wieder ausgefüllt werden.

Die Orchideen dürfen während ihrer Ruhezeit in keiner heissen und trockenen Temperatur gehalten werden, sonst wird man die Wahrnehmung machen, dass sie unter der Ausdünstung materiell leiden. Wie oft sieht man seltene und werthvolle Arten ruhen, wie man es heisst, in der Gluthitze der Sonne unter einem versengenden Glasdach und inmitten einer erhitzten Atmosphäre? Von Tag zu Tag verkümmern ihre Scheinknollen mehr, ihre Blätter werden fast wie braunes Papier und trotzdem nennt man diese verderbliche Behandlungsweise „Ruhe". Wahre Ruhe würde die Scheinknollen niemals eines grossen Theils des elaborirten (herausgearbeiteten) Saftes berauben, welcher während der Wachsthumsperiode abgesondert worden ist. Das ist keine Ruhe, wenn sie nachher in einem kränklichen, abgeschwächten Zustand sind; zu erschöpft um gesunden Wuchs oder vollkommene Blumen hervorzubringen.

Eine andere irrthümliche Meinung ist die, dass alle Orchideen während unserer Winterszeit Ruhe verlangen, oder wenn nicht dies, so doch, dass sie viel trockener als während der Sommerszeit gehalten werden müssen. Diese Regel darf, obgleich sie auf einige Orchideen anwendbar ist, doch nicht auf alle ohne Unterschied Anwendung finden, denn wir haben viele *Odontoglossum, Oncidium, Dendrobium, Disa* und *Masdevallia*, abgesehen von vielen Arten anderer Gattungen, welche ihr Wachsthum während unserer Herbst- und Wintermonate anfangen. Solche zur Ruhe bringen zu wollen, oder ihnen die genügende Feuchtigkeit in der Atmosphäre oder an den Wurzeln vorzuenthalten, kann unmöglich von guter Wirkung sein, sondern würde vielmehr die Pflanzen bleibend schädigen. Die besten Resultate werden stets von den Züchtern erzielt werden, wenn sie immer wachsam und sorgsam sind, um der Natur in ihrem Wirken zu Hülfe zu kommen, und ebenso behutsam, um ihre Wirksamkeit und Thätigkeit nicht zu durchkreuzen, in dem Bewusstsein und der Erkenntniss, dass die Natur am besten und in manchen Fällen allein zum Erfolge führt. Derjenige Züchter, welcher mit Erfolg Orchideen zu kultiviren wünscht, besonders solche, welche in der sehr hohen Temperatur des ostindischen Hauses gezogen werden, muss dafür sorgen, dass bei trockener, scharfer und frostiger Witterung die Atmosphäre in dem Hause mit viel Feuchtigkeit geschwängert ist. Dies mag manchmal widersinnig erscheinen; aber der Grund, warum diese Behandlung empfohlen wird, ist einleuchtend. Bei frostigem Wetter ist die Atmosphäre in der Regel trockener als zu irgend einer andern Zeit, selbst die warmen Sommertage nicht ausgenommen; und ausser dieser unnatürlichen Trockenheit, welche ein Blick auf den Hygrometer zeigen wird, sind auch die Wasserheizungsröhren gewöhnlich brennend heiss. Zu diesen zwei unnatürlichen Verhältnissen kommt noch zu karger Gebrauch von Wasser; da ist es kein Wunder, wenn *Vanda* und *Aerides* so vertrocknen und verkümmern, dass sie fast wie Lederriemen aussehen. Wie oft sagt man uns, dass die blühenden Orchideen in eine kühle und trockene Temperatur gebracht werden sollten, damit ihre Schönheit länger dauert. Bleiben sie in einer kühlen und trockenen Atmosphäre länger schön als in einer kühlen und mässig feuchten Temperatur? Ich habe die letztere als die zur längeren Erhaltung der Blumen günstigste gefunden, und von der ich nach Versuchen mit kühlen Odontoglossen und Oncidien vollständig überzeugt bin, dass man es allgemein so finden wird. In trockener Atmosphäre leiden Blumen ebenso wie Knollen und Blattwerk fortwährend unter der übermässigen Ausdünstung; einen solchen Zustand muss man so viel wie möglich zu vermeiden suchen.

Ein sorgfältiger und achtsamer Gärtner merkt schon am Aussehen der Pflanze schnell, ob die Zeit der Ruhe da ist, und er handelt dann entsprechend, indem er nur den Wurzeln und der Atmosphäre gerade so viel Feuchtigkeit gibt um zu verhindern, dass die Pflanze von ihrer concentrirten Kraft durch Ausdünstung verliert. So viel muss gewährt werden, da sonst die Pflanzen weit mehr leiden würden als wenn sie zu viel Feuchtigkeit bekämen, aber mehr als was dazu dient um die Verkümmerung der Knollen und Blätter zu verhindern, ist für Pflanzen wenn sie ruhen entschieden schädlich.

Specifische Variation bei den Orchideen.

Man kann das ganze Pflanzenreich durchsuchen und wird nur wenige Classen finden, welche mehr variiren als die Orchideen, was die Tiefe und die Pracht der Färbung und die relative Grösse und Gestalt der Blumen betrifft. Sie variiren auch sehr stark in Beziehung auf die Kraft ihrer Constitution, wovon man sich durch die Zucht einer Anzahl neu importirter Pflanzen von der gleichen Species unter ganz gleichen Verhältnissen überzeugen kann; man wird dabei immer finden, dass einige kräftiger wachsen als andere, obwohl bei der Eintopfung selbst von den erfahrensten Züchtern keinerlei äusseres Zeichen des Vorzugs unter ihnen zu entdecken war. Als schlagender Beweis für ihre Veränderlichkeit, kann ich die liebliche, im Winter blühende *Lycaste Skinneri* anführen, welche in der Farbe vom reinsten Weiss bis zu sehr tiefem Rosa variirt und eine tief hochrothe Lippe hat. Ebenso sichtbar ist diese Mannigfaltigkeit bei anderen, den verschiedensten Geschlechtern angehörenden Species, welche zwischen der typischen Form und den ausgeprägtesten und schönsten Varietäten, die man sich denken kann abwechseln. Bei den Cattleyen ist die unendliche Veränderlichkeit bekannt; auch das züchtige *Odontoglossum (crispum) Alexandrae*, diese Königin der Odontoglossen, variirt ungemein, was die Grösse und Farbe der Blumen betrifft. *Phalaenopsis grandiflora* ist in unsern Sammlungen in sehr verschiedenen Formen vorhanden; manche davon sind wohl markirt und unterschieden nicht nur in der Breite ihrer Sepalen, der Tiefe und Ausbreitung der gelben Farbe an den Lippen, sondern auch in der Länge und Breite ihrer Blätter sowie in der Stärke ihres Wuchses. Die gleichen Bemerkungen passen auf verschiedene andere Species, als: *Phalaenopsis Luddemanniana, Ph. amabilis* und *Ph. Schilleriana;* die letztere Species hat die robusteste Beschaffenheit von allen Arten dieses wahrhaft prächtigen Geschlechts und sie ist die einzige Species, welche zur Behandlung in kühler Temperatur geeignet ist. Ich möchte hier bemerken, dass die blosse Angabe der Breite einer Blume keinen wesentlichen Beweis dafür gibt, dass sie eine Varietät erster Classe ist, da viele langblättrige, lockere Blumen einen grossen Durchmesser haben, aber verhältnissmässig werthlos sind, indem ihnen Breite und Substanz in den Petalen und Sepalen fehlt.

In einer der schönsten Sammlungen von *Phalaenopsis* in England befinden sich einige 20—30 importirte Pflanzen, welche in Substanz und in Breite der Sepalen sehr variiren. Daraus folgt, dass man beim Ankauf von Orchideen nur möglichst gute Varietäten auswählen soll. Es gibt auch manche Orchideen, welche nicht nur in der oben erwähnten Weise, sondern auch in der Länge und Dicke ihrer Scheinknollen und darin stark variiren, dass die einen mehr, die anderen weniger leicht gern blühen. Als Beispiel in dieser Richtung nehme man *Laelia majalis* — die „Flor de Mai" (Maiblume) der mexicanischen Spanier — von welchen es zwei verschiedene Species gibt, die in der Länge ihrer

Scheinknollen differiren. Die kurzknollige Varietät blüht mit ziemlicher
Regelmässigkeit, während die andere Jahre lang gezogen werden kann,
ohne dass sie jemals eine einzige Blume hervorbringt. Herrn James
Anderson, Gärtner bei F. Dawson von Meadowbank ist es aber
gelungen, von dieser Species in den letzten paar Jahren regelmässig
einen Flor zu erhalten. Es ist hieraus zu ersehen, dass gute Varietäten diejenigen sind, welche reich blühen und grosse, reich gefärbte
Blumen von guter Substanz erzeugen.

Was verursacht denn nun diese auffallende Abweichung vom normalen Typus bei den verschiedenen Species? Wir können uns die
Verschiedenheit in Farbe, Grösse, Form und Bau nur durch den Umstand erklären, dass die Orchideen auf ihren einheimischen Standorten,
wo mehrere Species gleichzeitig dicht nebeneinander blühen, der be-
fruchtenden Wirksamkeit der Insekten ausgesetzt sind, und wenn sie
durch Samen reproducirt werden, so tritt die Folge ein, dass ein Theil
der Sämlinge, wenn nicht alle in der soeben bezeichneten Weise variiren.
Jeder der schon Sämlinge von irgend einer Classe von Pflanzen gezogen
hat, wird wissen, dass sie leicht von den Stammpflanzen differiren;
es ist das besonders der Fall, wenn diese Varietäten wieder gekreuzt
werden, wo dann noch grössere Abweichungen von der typischen Form
eintreten. Ich gebe gerne zu, dass locale Umstände und Verhältnisse
die Pflanzen afficiren, und dass hiedurch bis zu einem gewissen Mass
die Ungleichheit bei einzelnen Pflanzen verursacht wird, wenn sie unter
den verschiedenen Einflüssen ihrer Umgebung wachsen, aber die grosse
Zahl unserer besten Varietäten verdanken ihre Schönheit der Kreuzung,
welche durch Mithilfe der Insekten herbeigeführt wurde. Wir wissen
wohl, dass nahezu alle in England gezogenen Orchideensämlinge, mit
Ausnahme von *Disa grandiflora* und *Cypripedium Schlimmii* sich bei
der Blüthe mehr oder weniger von ihren Stammältern verschieden gezeigt haben und dies beweist folgerichtig, dass aus der kreuzweisen
Befruchtung in ihren einheimischen Standorten alle die schönen, aus
den Tropen bei uns. eingeführten Varietäten entsprungen sind. Diese
ausserordentliche Variation bei den Orchideen erhöht wesentlich den
Reiz bei ihrer Cultur. Mit welcher Aengstlichkeit wartet der Liebhaber
oder Züchter von Profession bei einer importirten Pflanze bis sie das
erste mal ihre Blumenähre zeigt! Wie sorgfältig vergleicht er ihre
Scheinknollen oder ihr Blattwerk mit denen ihrer Verwandten, und wenn
ihr äusserer Habitus ihm nicht schon verräth, ob es wirklich eine neue

Species oder eine aussergewöhnliche Varietät ist, mit welch' wahrem Vergnügen beobachtet er den zarten Fremdling, wenn er seine Blumenschätze entfaltet! Wenn man also sieht, dass die Orchideen schon im wilden Zustand und auch unter der Cultur so sehr variiren, sollte es da verwundern, dass auch die Abbildungen solcher Pflanzen so verschiedenartig sind? Die Verschiedenheit, welche zwischen den Darstellungen der gleichen Pflanze in verschiedenen Büchern besteht, ist schon oft beklagt worden; aber diese Ungleichheit ist keineswegs grösser als die der verschiedenen Pflanzenvarietäten selbst, nach welchen die Zeichnungen ursprünglich gemacht wurden.

Kühle Orchideen-Häuser.

Bezüglich dieser können einige Worte von Vortheil für diejenigen sein, welche kühle Orchideen zu ziehen anfangen wollen und keine dazu geeignete Räumlichkeit haben. Vor allem ist nicht nothwendig dass man einen kostspieligen Bau und einen kostspieligen Heizapparat aufstellt. Die nöthige Zahl von Heisswasserröhren, um den Frost von einem gewöhnlichen Grünhaus fern halten zu können, genügt vollständig. Bei dieser Art Cultur wird Feuerungsmaterial und Arbeit gespart, gegenüber der Cultur von Orchideen, welche mit Erfolg nur in einem geschlossenen, feuchten Warmhaus gezogen werden können.

Für die Cultur von *Odontoglossum, Masdevallia, Disa* etc. würde ich ein kleines Sattelhaus, oder ein Haus mit einem sog. Pultdach (Haus mit einer Abdachung, Fig. 5) empfehlen; eines von beiden thut es; doch ist ein Sattelhaus vielleicht besser, wenn geeigneter Platz zur Aufstellung eines solchen vorhanden ist. Wenn man ein Sattelhaus errichten will, so soll es nicht zu gross gebaut werden. 3,60 Meter in der Breite und 2,40 Meter in der Höhe genügen vollständig; es ist zum Anfangen gross genug und wird ohne Zweifel bessere Resultate geben als ein grösserer Bau. Die Seitenmauern sollen ca. 22 cm. dick und vom Erdboden aus ungefähr 1,50 Meter hoch sein, damit man Raum für die Ventilation hat, wie es aus einem beigefügten Holzschnitt (Fig. 3) ersichtlich ist, welcher das Orchideenhaus zu Ferniehurst darstellt. Für reichliche Giebelventilation ist Vorsorge zu treffen mittelst einer der ganzen Länge nach angebrachten Klappe, welche von Innen leicht aufgezogen werden kann. Die Ventilatoren in den Seitenmauern sollen aussen mittelst hölzerner Schieber geschlossen werden können.

Ein Haus von der bisher beschriebenen einfachsten Construction, das, wie die Abbildung zeigt, durch doppelte, auf jeder Seite hin- und herlaufende Röhren von 10 cm. im Durchmesser, wirksam geheizt wird, kann mit sehr geringen Kosten in beliebiger Länge errichtet werden. Ein Bau von 18—21 Meter Länge würde für eine ziemlich bedeutende Sammlung ausreichen. Diese Länge könnte in der Mitte durch eine, mit einer Thüre versehene Glaswand sehr vortheilhaft abgetheilt werden, um zu ermöglichen, dass eine Abtheilung wärmer oder trockener gehalten werden kann als die andere, je nachdem es von den Pflanzen verlangt wird. Die Tabletten sollen ungefähr 1,20 M. breit und ungefähr ebenso hoch sein; in einer Abtheilung könnte man die Tabletten

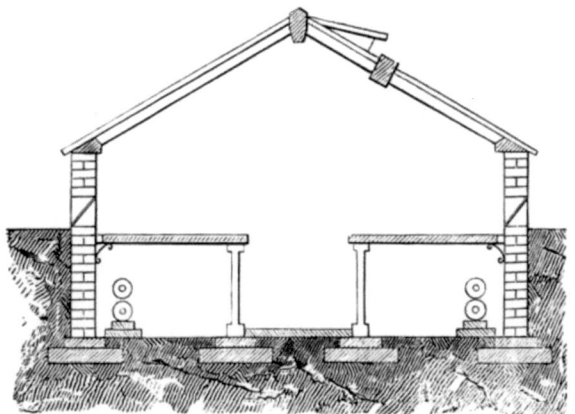

Fig. 3. Sattelhaus für kühle Orchideen; theilweise im Boden versenkt.

nur 90 cm. hoch errichten, um für grössere Pflanzen mehr Raum oben zu haben. Diese Tabletten sollen entweder Stein- oder Schieferplatten sein, welche auf gusseisernen Trägern ruhen. Eisen ist besser als Holz, das in der feuchten Atmosphäre bald verwittert und plötzlich brechen und traurigen Schaden verursachen könnte, wie dies vor nicht langer Zeit bei einer berühmten Sammlung in der Nähe von Manchester vorkam, wo manche der schönsten *Phalaenopsis* Englands sehr bedeutend beschädigt wurden.

Im Mittelpunkt des Hauses sollte ein Wasserbehälter angebracht

30 Kühle Orchideen-Häuser.

werden, in welchem alles Regenwasser vom Dach aus zum Gebrauch im Innern geleitet wird. Wie bereits erörtert wurde ist Feuchtigkeit bei allen Orchideen zum Gedeihen wesentlich nothwendig. Da nun unbedeckte Schiefer- oder Steinplatten die Feuchtigkeit nicht lange halten, so ist es gut, sie mit einer dünnen Lage von sorgfältig gewaschenem Steinkohlengries zu bedecken. Ausserdem können aber die Tabletten auch so angebracht werden, dass sie Wasser halten, was während der heissen Sommermonate für die Gesundheit und das kräftige Wachsthum der Pflanzen höchst zuträglich sein wird. Der Raum am Weg entlang unter den Tabletten wird mit *Selaginella hortensis* bepflanzt, welche bald einen frischen, grünen Teppich bilden und dem

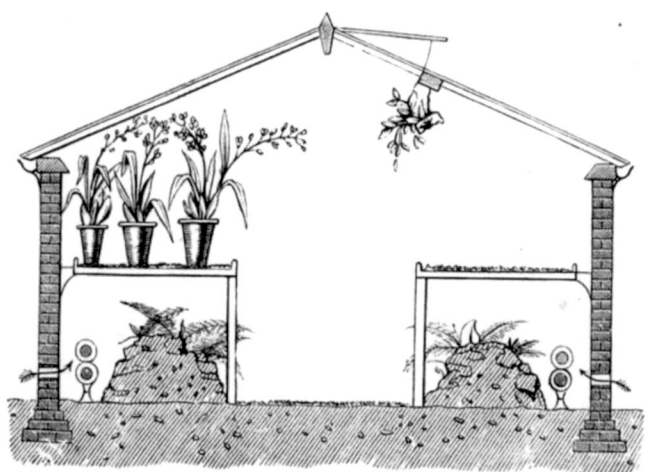

Fig. 4. Kühles Orchideenhaus zu Ferniehurst.

Haus ein besonders nettes Aussehen geben. Es können aber auch einige Farnkräuter hingepflanzt werden, wie es die Abbildung (Fig. 4) zeigt.

Während der heissen Sommermonate verlangen die Pflanzen sorgfältigen Schutz gegen die Sonnenstrahlen; zu diesem Zwecke sollten Schattendecken mit Rollen vorhanden sein. Um kalte Luftströmungen, welche die Pflanzen schädigen, zu verhüten, ist es gut, die Ventilatoren entweder mit durchlöchertem Zink platt zu bedecken oder Stücke von grober Gaze oberhalb der Oeffnungen im Innern des Hauses zu befestigen. Auf diese und viele andere kleine Einzelnheiten wird jedoch der aufmerksame Züchter bald von selbst kommen, da er stets bereit sein muss, alle ungesunden Erscheinungen zu vereiteln, welche seine Pflanzen zeigen werden, wenn sie unter widrigen Verhältnissen heranwachsen.

Der Bau der kühlen Orchideenhäuser verlangt kein grosses Mass von Geschicklichkeit; sie können unter der Leitung jedes verständigen Zimmermanns in höchstens einigen Wochen gebaut werden, und die Kosten sind nur gering im Verhältniss zu dem Vergnügen, welches die Cultur dieser lieblichen Pflanzen gewähren wird.

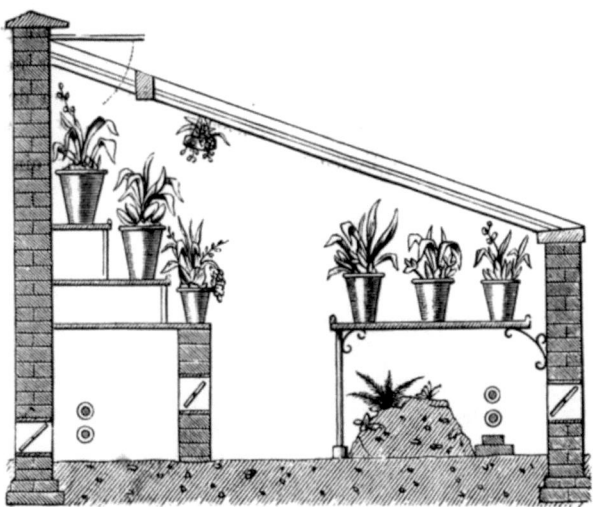

Fig. 5. Durchschnitt eines Orchideenhauses mit Pultdach.

Obwohl manche Orchideen in einem kühlen Haus oder Haus-Abtheilung bei einer mittleren Wintertemperatur von 6° R. üppig wachsen, so gibt es doch andere Arten, welche eine um 3—4° höhere Temperatur fordern, um mit Erfolg gezogen werden zu können. Sie würden zwar in einer kühleren Temperatur wohl gedeihen und blühen, aber nicht mit jener üppigen Kraft, deren Anblick die wahren Orchideen-Liebhaber ergötzt. Wenn ein Haus von ungefähr 18 Meter gebaut wird, so kann es in der Mitte getheilt werden; man bekommt dann zwei Abtheilungen von je 9 Meter, wovon die eine durch Anbringung einer weiteren Röhrenreihe wärmer gehalten werden kann. In dieser wärmeren Abtheilung können viele Cattleyen, Laelien, Trichopilien, Cypripedieen und Oncidien gezogen werden, von denen ein Kenner schwerlich befriedigt würde, wenn sie in der kühlen Abtheilung unserer *Odontoglossum* gezogen würden.

Viele der gewöhnlich im ostindischen Hause gezogenen Orchideen werden ohne irgend einen Schaden eine mittlere Wintertemperatur von 8° ertragen.

Ich habe Orchideen gesehen, die mit unverkennbarem Erfolg in kleinen, theilweise unter dem Boden gelegenen Häusern gezogen wurden. Die Pflanzen wachsen in solchen Häusern in der Regel gut; es lässt sich aber nicht viel dafür und viel dagegen sagen. In solchen Häusern ist die Atmosphäre in der Regel feucht und für das Wachsthum günstig; sie brauchen nicht so viel künstliche Wärme wie die freier gelegenen Häuser; man kann sie auch sehr bequem und leicht gegen den Frost schützen indem man Nachts einige Strohdecken darüber wirft. Andererseits muss aber zuerst der Boden ausgegraben werden, ehe ein solches

Fig. 6. Durchschnitt eines zur Wein- und Orchideen-Cultur geeigneten Hauses.

Haus errichtet werden kann, und dann ist das Eintreten für die sie besuchenden Damen nicht eben bequem. Uebrigens sind sie im Ganzen vollkommen entsprechend, nicht nur für Orchideen, sondern auch für Warmhauspflanzen und Farne. Wie schon früher bemerkt wurde, sind die Orchideen nicht so exclusiv, dass sie durchaus eine besondere Räumlichkeit für sich verlangen; ich habe sogar an verschiedenen abgelegenen Orten sowohl in England als in Schottland manche von den gewöhnlicheren, im Freien blühenden Arten schön gewachsen gesehen.

Die Orchideen sind von Herrn Robert Warner von Broomfield und Andern auch in einem Weinhause mit sehr viel Erfolg gezogen worden. Der theilweise Schatten der Reben und die feuchte treibende Atmosphäre sind der Gesundheit und Kraft vieler Dendrobien, Lycasten, Anguloa's und Odontoglossen im hohen Grade zuträglich, und ausserdem ist die Traubenernte etwas, was in zweiter Linie als grosse Annehmlichkeit in Betracht kommt. Herr Warner hatte mehr als einmal die Vereinigung von Weinreben und Orchideen angerathen; und er versichert mit vollem Recht, es gebe wenige der Anzucht werthe Orchideen, welche nicht unter Weinreben gezogen werden könnten. Ich weiss aus Erfahrung, dass viele auserlesene Dendrobien unter der dem Wachsthum so günstigen Wärme eines Weinhauses kräftig wachsen, wo das grelle Sonnenlicht durch das oben befindliche frische grüne Laub gedämpft wird, und dies gilt ganz ebenso von vielen andern Gattungen.

Die beigefügten Holzschnitte von Häusern (Fig. 3—6) werden sich für die Orchideencultur unter verschiedenen Verhältnissen als geeignet erweisen und solche Häuser kann man mit sehr mässigen Kosten bauen.

Orchideen-Häuser im natürlichen Stil.

Ein Orchideenhaus im natürlichen Stil gibt eine Vorstellung von der Schönheit und Anmuth dieser schönen Classe von Pflanzen, wenn sie mit Geschmack arrangirt sind.

Wie schön aber auch die in solcher Weise eingerichteten Häuser sich darstellen mögen, so kann ich doch vom ästhetischen Gesichtspunkt aus gegenwärtig kaum auf ihre allgemeine Annahme hoffen, obwohl selbst unsere schwärmerischen Orchideen-Verehrer zugestehen müssen, dass unsere Orchideenhäuser in ihrer jetzigen Ausstattung nicht allgemein in Hinsicht auf besondere Schönheit oder Eleganz — mit Ausnahme des Blumenflors — gerühmt werden können. Wenn der grösste Theil der Orchideen verblüht hat, so gewähren sie nicht mehr den zehnten Theil des Vergnügens, das ein gewöhnlicher Beobachter von einer Sammlung der gemeinsten Farne oder Fettpflanzen haben würde. Für den Gärtner von Profession oder den enthusiastischen Liebhaber liegt zwar dann noch eine gewisse anziehende Schönheit in dem starken Wuchs, dem frischen Blattwerk oder den dicken Scheinknollen; allein ein gewöhnlicher Besucher übersieht diese kleinen Einzelnheiten, da er nur den Gesammteffect in Betracht zieht. Einige Orchideen jedoch, wie *Aerides, Vanda* und einige andere, haben ein graciöses Aussehen, aber im Allgemeinen sind sie wenig anziehend, wenn sie nicht blühen. Wir kommen dem natürlichen Arrangement einen Schritt näher und sehen etwas mehr von dessen Schönheit, wenn wir anmuthig aussehende Farne und Palmen an die Seite unserer Orchideen gruppiren. Die Orchideen wachsen — wie schon bemerkt — in ihrer Heimat üppig dicht neben und unter Farnkräutern, Melastomaceen, Gräsern und Palmen, und man kann die Natur bis zu einem gewissen Grad in unsern Orchideenhäusern auf dem Wege des natürlichen Arangements nachahmen. Ich weiss ganz wohl, welche praktischen Schwierigkeiten sich meinem Rath entgegenstellen und dass diese in manchen Fällen die Möglichkeit der Anwendung des natürlichen Systems ganz ausschliessen; aber es gibt auch Fälle in welchen dieser Vorschlag gut befolgt werden kann und die bestmöglichsten Erfolge sichert. Erdorchideen in Töpfen sind transportabel und aus vielen Gründen auch bequemer, als wenn sie im freien Grunde stehen, obgleich sie im letzteren Falle in einem zweckmässigen Gebäude ohne Zweifel üppiger wachsen würden. Im natürlichen Zustande wachsen die Orchideen mit einer uns ganz unbekannten wilden Ueppigkeit; ihre Luftwurzeln breiten sich, Nahrung und Feuchtigkeit suchend, nach allen Richtungen hin aus; sie würden in unsern Pflanzenhäusern noch kräftiger wachsen, wenn sie in eine entsprechende Erdmischung ausgepflanzt würden. Natürlich könnte dies nur auf solchen Plätzen geschehen, aus denen sie voraussichtlich nicht entfernt zu werden brauchen. Es sind nicht alle Orchideen zum Auspflanzen in den freien Grund des Hauses geeignet, aber es gibt manche, die sich besonders dazu eignen; in dieser Beziehung sollten die Cultivateure vorsichtig zu Werke gehen und nur solche Pflanzen auswählen, welche zu diesem Zwecke passen und Erfolg versprechen. Es gibt hier zu Lande verschiedene schöne Farnkrautanlagen (Farnerien) mit Fontainen und rieselnden Bächlein mit feuchten Ufern aus Sumpfmoos und Torf gebildet; wenn zu diesen noch Orchideen hinzugefügt würden, so wäre dies eine entschiedene Verbesserung. Ein feuchtes, schwammiges und theilweise beschattetes Ufer in einem solchen Gebäude würde gerade die richtige Situation für *Disa grandiflora* sein. Diese wuchs und blühte zwar in England während der Sommermonate im Freien*, aber die Chancen des Erfolgs würden unter den oben erwähnten Umständen weit günstiger sein als wenn sie im Freien dem Wechsel unseres Climas unterworfen werden, oder, im Topf gezogen, ihre stark treibenden Wurzeln sich an dessen Wand anklammern müssen. Man gebe der Pflanze die Möglichkeit, auf einem dieser feuchten Ufer ihre Wurzeln nach allen Seiten ausbreiten zu können, und ihr frisches kräftiges Blattwerk wird Thrips und rother Spinne Trotz bieten, und sie wird einen Gegenstand von ausgezeichneter Schönheit bilden. Es gibt noch andere Erdorchideen, welche zur Auspflanzung vortrefflich geeignet sind; z. B. die immergrünen *Calanthes*, *Phajus* und *Sobralien*. *Phajus grandifolius* und *Ph. Wallichii* würden sich bald daran gewöhnen und noble Exemplare geben, da sie viel Nahrung brauchen, aber auch reich blühen. Die goldfarbig blühende *Cyrtopera flava* und viele andere Erdorchideen aus Indien, Südamerika und vom Cap können, wenn in eine entsprechende Lage ausgepflanzt, zur Vollkommenheit gebracht werden, während es bei der Pflanzung in Töpfen beinahe unmöglich ist, ihren Anforderungen gerecht zu werden.

Die Einführung von Orchideen.

Da ich über diesen wichtigen Gegenstand wiederholt befragt wurde, so mag eine kurze Andeutung im Betreff derselben hier am Platze sein, umsomehr, als darin bekanntlich noch viel zu thun ist, bis sich auch nur unsere grossen Sammlungen der Vollkommenheit nähern. Wir haben eine mässige Anzahl von epiphyten Species, aber die Erdorchideen sind selbst in unsern besten öffentlichen und Privat-Sammlungen nur spärlich vertreten, und es wird ohne Zweifel so bleiben, bis Privatunternehmer den Weg zu ihrer Einführung nach England bahnen. Es

---

* Auch in Deutschland. D. Uebers.

gibt viele Orte, an denen ein unternehmender Sammler gute Geschäfte machen würde. Die Vegetation von Central-Africa ist verhältnissmässig noch unbekannt, doch hat man schon davon gehört; ebenso sind die Pflanzen der südlichen oder Cap-Gegend, worunter sich einige der schönsten Erdorchideen befinden, die gezogen werden können, den Züchtern bisher noch unbekannt.

Die Orchideen von Ober- und Nieder-Assam — nicht zu erwähnen von anderen Theilen des grossen Festlandes von Indien — sind den Züchtern ebenso unbekannt. Suddyah in Ober-Assam ist eine reiche Fundgrube für neue und seltene Pflanzen, welche in den benachbarten Gebirgen im Ueberfluss wachsen. Es ist für einen Europäer, wegen der dort hausenden wilden Indianerstämme sehr schwierig, diese Bergschluchten zu betreten, allein für die einheimischen Bewohner ist es möglich und man kann sich gegen eine kleine Belohnung Blumen und Pflanzen herabholen lassen. Die Stämme der Mishmeys und Nagahs kommen des Handels wegen den Winter über nach Suddyah und Debrooghan herunter und kehren während der warmen Jahreszeit wieder in ihre Berge zurück. Ein Officier der bengalischen Armee hat mir seine Erfahrungen aus verschiedenen Theilen Indiens mitgetheilt; er erwähnt viele liebliche Lilien, Primeln, Rhododendron und Farnkräuter, welche er bei seinen Jagden im Gebirge angetroffen, die er aber niemals in der Cultur gesehen hat. Ein Sammler der nach Indien geht, sollte die dortige Sprache einigermassen verstehen oder er muss dort einen Führer nehmen, welcher etwas Englisch versteht; denn sonst stellen sich ihm unzählige Schwierigkeiten entgegen. Viele Engländer haben in Indien wohnende Correspondenten, die manchmal bei günstiger Gelegenheit, eine oder zwei Kisten voll Orchideen erster Qualität herübersenden könnten. Wenn man weiss, in welchen Gegenden gewisse Pflanzen wachsen, so kann man sie dadurch bekommen, dass man den Einwohnern deutliche colorirte Zeichnungen gibt und demjenigen eine kleine Geldsumme anbietet, der sie von den Bergen bringt. Ausser den oben erwähnten Pflanzen sind verschiedene Arten von *Iris*, *Myosotis*, *Delphinium* und *Fritillarien* in der Nähe von Panchoa bemerkt worden. Panchoa ist ein kleines Dorf nahe vom Oontadoora-Pass, beinahe 5250 Meter über dem Meere gelegen. Die Orchideen erreichen diese Höhe nicht; man könnte aber gewiss viele kaum weniger schöne oder interesssante krautartige Pflanzen aus dieser Gegend bekommen. Viele Theile des Himalaya-Gebirges könnten zum Vergnügen sowohl als um ein Geschäft zu machen von irgend einem kräftigen Sammler vollständig durchforscht werden.

Das Einsammeln der Pflanzen ist übrigens nur die Hälfte der Aufgabe eines Sammlers; denn wenn er bei der Verpackung und Versendung nicht die grösste Sorgfalt anwendet, so ist es sehr wahrscheinlich, dass sie auf der Reise nach England zu Grunde gehen. Orchideen sowohl als Knollen sollten nur während der Ruhezeit oder während der trockenen Jahreszeit verpackt werden. Wenn sie in einen gewöhnlichen Packkasten zwischen trockenen Fasern oder Hobelspähnen fest gepackt werden, so erreichen sie während jener Saison England in gutem Zustand. Wenn die Pflanzen im Wachsen sind, so ist es nothwendig, sie sehr sorgfältig in einen mit Glas bedeckten Pflanzenkasten (Kiste) so zu packen, dass sie zum Wachsthum hinlänglich Raum haben. Es nützt wenig, im Wachsthum begriffene Pflanzen in einen Kasten zusammenzudrängen, da wenn nur eine zu faulen anfängt sich das Uebel bald weiter verbreitet und schliesslich eine verfaulte Masse das Resultat ist. Ein paar kräftige sorgfältig verpackte Pflanzen gelangen mit viel grösserer Wahrscheinlichkeit in vortrefflichem Zustand nach England als eine grosse, dicht zusammengepackte Menge. Einige Epiphyten kann man vollständig angewöhnt bekommen, wenn man die Aeste der Bäume, auf welchen sie wachsen, abschneidet; die so gewonnenen Holzstücke kann man dann zurichten und wenn man sie an den Seitenwänden der Transportkästen festnagelt oder anschraubt, so braucht man kaum zu fürchten, dass sie ihren Bestimmungsort nicht unversehrt erreichen. *Phalaenopsis Parishi* und *Ph. grandiflora* sind so verpackt schon oft in vortrefflichem Zustand angekommen.

Wenn man Orchideen von auswärts nach England sendet, muss man dafür sorgen, dass man sie so zu Schiff bringt, dass sie in England während der warmen Zeit eintreffen. Durch Unterlassung dieser Vorsicht sind schon viele enttäuscht worden, indem der einzige Grund des Misserfolges darin lag, dass sie zu spät eingeschifft wurden und England während des Winters erreichten. Die Strenge unserer nördlichen Winter hat den werthvollen Inhalt von schon vielen Kisten zu Grunde gerichtet, oft nachdem viel Geld und Mühe auf das Sammeln der Pflanzen in ihren einheimischen Standorten verwendet worden war. Bei mit Glas bedeckten Kisten ist es zweckmässig, womöglich ein Uebereinkommen mit dem Kapitän oder einem andern Officier des Dampfschiffes, auf welches sie verladen werden dahin zu treffen, dass sie bei heissem Sonnenschein beschattet werden. Diese kleinen Einzelnheiten wird der Sammler bald selbst herausfinden; aber es ist besser sie zu kennen und sich wegen jedes widrigen Umstandes vorzusehen, welcher der Einführung lebender Orchideen entgegentritt. Viele Zwiebeln und die Knollen vieler Erdorchideen werden am besten während der Ruhezeit und in ihre einheimische Erde gepackt versendet. Samen von Palmen und anderen tropischen Pflanzen und Sträuchern versendet man zum grossen Theil am besten in feuchten Lehm oder feuchte Erde eingepackt, da Trockenheit ihm sicher den Tod bringt. Es gibt viele Samen, die sich an einem trockenen Ort Jahre lang halten, ohne dass ihre Lebenskraft beeinträchtigt wird; aber es gibt auch andere, wie z. B. *Amherstia nobilis*, welche gar nicht eingeführt oder wenigstens nicht selbst für ganz kurze Zeit in gutem Zustand erhalten werden können. Die Natur säet den Samen aus, sobald er reift und vom Baume fällt; und für den Gärtner und Sammler ist es in manchen Fällen unbedingt nothwendig, der Natur darin zu folgen.

Die Knollen von *Habenaria*, *Satyrium*, *Disa* und viele andere südafrikanische Erdorchideen können während ihrer Ruhezeit in Grunderde verpackt, in Massen versendet werden. Viele europäische Orchideen und seltene oder interessante alpine oder krautartige Pflanzen kann man durch die Post senden, wenn man sie in ein wenig feuchtes Moos packt und sie in eine Kautschukdecke wickelt. Dr. Hooker hat neulich bezüglich der Pflanzenversendung durch die Post die Notiz veröffentlicht, dass er lebende Pflanzen von einer Species von *Vanda* auf diesem Weg aus Indien erhalten habe. Es kann keinem Zweifel unterliegen, dass dies eine bequeme und billige Methode ist, kleine Pakete mit lebenden Pflanzen von auswärts zu bekommen, wenn man dort Freunde hat, die sie sammeln und absenden.

Orchideen für den Salon.

Bis jetzt sind die Orchideen nicht sehr häufig zur Ausschmückung verwendet worden, obwohl sie dazu ganz besonders geeignet scheinen. Wir wissen, dass sie hie und da als Zierde für die Tafel gebraucht werden, aber es ist eine Seltenheit sie im Salon zu sehen; und doch haben wir viele Arten, die während des Sommers im Freien kräftig wachsen, wenn sie in eine geschützte Lage gestellt werden; einige Species wurden viele Monate lang in Ward's geschlossenen Kästen gezogen. Manche Orchideen blühen, nachdem sie ihren Wuchs vollendet haben, und hören auf zu blühen, wenn die Pflanzen wieder zu wachsen anfangen; gerade diese sind am besten zum Gebrauch für den Salon, da sie in's Orchideenhaus zurückgebracht werden können, bevor ihr Wuchs beginnt, und es ist verhältnissmässig wenig Gefahr vorhanden, dass sie beschädigt werden.

In diese Categorie gehören manche kaltwachsende Odontoglossen und Oncidien, *Coelogyne cristata, Lycaste Skinneri*, nebst vielen prächtigen Cattleyen und Laelien. *Coelogyne cristata* ist eine der schönsten Orchideen für den Schmuck im Haus und ich verwendete während eines sehr strengen Winters eine schöne Pflanze mit 30—40 Aehren zur Verzierung des Speisesaals und gelegentlich auch für den Vorsaal. Bei Gaslicht gesehen ist diese Pflanze eine der lieblichsten Erscheinungen, die man sich denken kann, da die weisse Farbe der Blume unter künstlichem Licht in ihrer Reinheit wirklich blendend ist. Die Temperatur des Orchideenhauses, in welchem diese Pflanze vorigen Winter cultivirt wurde, sank häufig auf 3^0 und doch blieb sie unbeschädigt. Eine andere Orchidee indischen Ursprungs, *Aerides odoratum*, hielt im vorigen Winter in einem gewöhnlichen Pulthaus, dessen Temperatur häufig auf 4^0 und wahrscheinlich noch tiefer sank. Die *Croton* verdarben unter dieser Behandlung, aber zwei Pflanzen von *Aerides* sind noch so gesund wie je und wachsen und blühen jetzt noch kräftig.

Es wäre eine Thorheit zu empfehlen, dass man indische Epiphyten wie *Phalaenopsis, Vanda* u. s. w. während des Winters in den Salon bringe; aber bei vielen Odontoglossen und Lycasten kann dies ohne Schaden geschehen, wenn man bei der Uebersiedlung die nöthige Vorsicht gegen den Frost braucht. *Lycaste Skinneri* und ihre vielen schönen Varietäten bleiben mehrere Wochen lang gut in einem gewöhnlichen Salon, dessen Temperatur nicht unter 4^0 sinkt; das gleiche kann von *Odontoglossum Alexandrae, Oncidium nubigenum* und anderen Arten gesagt werden. Während der Sommermonate ist wenig Gefahr vorhanden, wenn die Pflanze im Zimmer an eine geschützte Stelle gebracht und nicht kalten Luftzügen ausgesetzt werden; während des Winters aber empfehlen wir lebhaft den Gebrauch von geschlossenen

Glaskästen, während für kleine Pflanzen, wie *Sophronitis grandiflora*, *S. cernua*, *Cypripedium insigne* und *venustum* u. s. w. Glasschutz genügt, um sie gegen kalte Luftzüge und Trockenheit zu schützen, welch' letztere am meisten bei scharfem und frostigem Wetter zu fürchten sind. Bevor man die Pflanzen in eine niedrigere Temperatur bringt, muss man die Erde in den Töpfen verhältnissmässig trocken werden lassen, indem einige Grade Unterschied in der Temperatur von nasser und trockener Erde ist.

Hier eine Liste von für den Salon passenden Orchideen: — *Lycaste Skinneri*, *L. cruenta* und *L. aromatica*; *Coelogyne cristata*; *Oncidium nubigenum*, *O. Phalaenopsis* und *O. cucullatum*; *Cattleya citrina*; *Laelia albida*, *L. autumnalis*, *L. furfuracea* und *L. anceps*; *Barkeria spectabilis* und *B. Skinneri*; *Sophronitis grandiflora* und *S. cernua*; *Ada aurantiaca*; *Odontoglossum Alexandrae* und *O. Pescatorei*, *Vanda caerulea*; *Cypripedium barbatum*, *C. venustum*, *C. villosum*, *C. insigne* und *Zygopetalum Mackayi*.

Die Kreuzung der Orchideen.

Die Befruchtung der Orchideen bietet keine besondere Schwierigkeit; in den meisten Fällen hat man bloss den Blumenstaub (Pollen) auf die Narbe (Stigma) zu bringen um die Fruchtbarkeit herbeizuführen. Es dürfte jedoch zu bemerken sein, dass sowohl der Blumenstaub als die Narbe in ihrem Bau und allgemeinen Bildung von denen der meisten anderen Pflanzen verschieden sind. Die Pollenmassen sind von einer wachsähnlichen Dichtheit und man gewinnt sie, wenn man die kleine Klappe (Staubbeutel) am Ende der Columna (Säulchen) entfernt. Die Narbe oder stigmatische Fläche, wie sie gewöhnlich genannt wird, ligt unmittelbar unter der Spitze der Columna und ist oft von beträchtlicher Grösse. Man kann irgend eine Spitze, wie die eines Zahnstochers benützen um den Pollen abzunehmen und auf die Narbe zu bringen. Die Pollenmassen von einigen Gattungen sind mit einem zähen gummiähnlichen Diskus (Scheibe) versehen, welcher sofort an die zur Befruchtung benützte Spitze anklebt. Die Pollenmassen mancher

Orchideen dagegen, wie *Cattleya* und besonders *Dendrobium*, kleben nicht gleich an der dazu verwendeten Spitze an; aber um dieser kleinen Schwierigkeit zu begegnen, taucht man die Spitze des Instrumentes vorher in die Narbe, wo es mit dem darin enthaltenen Schleim bedeckt werden wird, an dem sich alsdann der Samenstaub anklebt, so trocken und platt er auch sein mag. Wenige Stunden nachher ist die Blume befruchtet, sie fängt zu welken an und bei dem Stigma tritt eine interessante Veränderung ein. Die Höhlung desselben war vor der Befruchtung weit ausgedehnt; aber sobald diese vor sich gegangen ist, fangen die Seiten derselben an sich zusammenzuziehen und schliessen endlich über der Höhlung; manchmal überragen sie sogar einander, und verhindern so, dass der Staub durch Insecten oder andere Einflüsse entfernt, durch Wasser oder einen anderen fremden Körper beschädigt wird; das Ovarium vergrössert sich rasch nach der Befruchtung; die Kapseln der *Phalaenopsis*, welche vor derselben nur 12 Mm. lang sind, erreichen im Zeitraum von ungefähr 60 Tagen nach der Befruchtung eine Länge von 10—15 Cm. und die Dicke des kleinen Fingers, und enthalten kleine Ovules (Eichen). Die grosse Schwierigkeit liegt indess nicht in der einfachen Befruchtung, sondern in der Gewinnung einer gehörigen Menge guten Samens; es ist, wie oben erwähnt, für die Mutterpflanze nöthig, dass sie im gesündesten Zustand ist, um Samen von guter Qualität erzeugen zu können.

Nach vielen sorgfältigen Versuchen bin ich zu der Ueberzeugung gekommen, dass vollkommener Samen viel seltener erzeugt wird als man im Allgemeinen vermuthet, und namentlich gerade bei den Orchideen sind wohl auch die zahlreichen Misserfolge zuzuschreiben, von welchen die Züchter bei ihren Versuchen Hybriden zu erzielen, betroffen wurden. Wenn man Orchideensamen bekommt, so muss man ihn unter einem guten Mikroskop betrachten; ist er vollkommen, so muss man den Kern (Nucleus) unter der durchsichtigen, häutigen und genetzten Testa oder Samenhülle sehen. Wenn der Kern nicht entwickelt ist, so ist natürlich an eine Keimung nicht zu denken; man könnte ebenso gut eine Pflanzenernte von der Aussaat leerer Sporenhülsen von Farnkräutern erwarten, obwohl das letztere (die Aussaat von solchen Hülsen) nicht selten vorkommt.

Wenn man das, was in Betreff der Hybriden bis jetzt erzielt wurde in Betracht zieht, so muss man im Allgemeinen zugestehen, dass wir Gärtner in Beziehung auf die Gewinnung von Orchideen aus

Samen noch viel zu lernen haben. Das was in dieser Richtung schon gethan worden ist, sollte diejenigen, welche dazu in der Lage sind, veranlassen ausgedehntere Versuche zu machen. Man nehme z. B. *Calanthe Veitchii*, eine der schönsten Orchideen der Gegenwart, oder *Cattleya exoniensis* und kreuze sie mit *Cypripedium Harrisianum* oder *Cypripedium (Selenipedium) Dominianum*. Zwei Züchtern ist es wenigstens gelungen, Sämlinge von dem schönen und seltenen *Cyp. Schlimii* zu ziehen, nämlich Herrn Leroy in Passy (Frankreich) und Herrn Pilcher, Gärtner bei Herrn S. Rucker in Wandsworth (England). Vielleicht den glänzendsten Erfolg hat die Geduld und Beharrlichkeit des Herrn Dominy in der kgl. exotischen Baumschule in Chelsea (London) erzielt; dieser hatte das Glück, mehrere beliebte Gattungen zu kreuzen, von welchen wir *Phajus* mit *Calanthe* und *Calanthe* mit *Limatodes* erwähnen können.

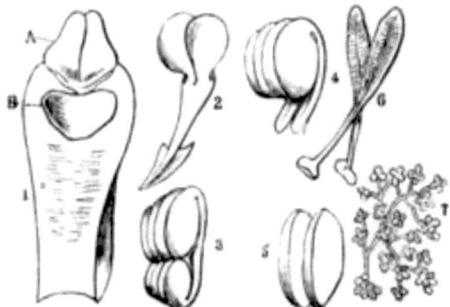

Fig. 7. 1. Columna (Befruchtungssäule) von einer Orchidee. A. Anthere (Staubbeutel); B. stigmatische Höhlung; 2. Pollinia (Pollenmasse) von *Vandae (Burlingtonia)*. 3 und 4 Pollinia von *Epidendreae (Laelia* und *Cattleya)*. 5. Pollinia von *Malaxideae (Dendrobium)*. 6. Pollinia von *Ophrydeae (Disa)*. 7. Pollenkörner durch Maceration gesondert und unter dem Mikroskop betrachtet.

Ich habe hier eine Liste von hybriden Orchideen mit ihren Stammältern soweit sie bekannt waren, zusammengestellt. Es könnten noch mehr angeführt werden, allein diese genügen um zu zeigen, dass schon viel geschehen ist: wir können mit Recht fragen: ist mit diesen Resultaten nichts für die botanische Wissenschaft geleistet? Durch Kreuzung und Veredlung können wir die natürliche Verwandtschaft der Pflanzen viel besser beweisen als wenn wir Exemplare aus dem Herbarium durchstudiren; wenn auch nicht so rasch, so doch mit viel grösserer Sicherheit. Leider haben bis jetzt weder Herr Dominy noch Herr Pilcher die Einzelheiten von ihren erfolgreichen Versuchen veröffentlicht.

Hybride Orchideen.

Calanthe Masuca.	Cattleya Loddigesii.	Cypripedium Pearcei (caricinum).
*Calanthe Dominii.	*Cattleya Brabantiae.	
Calanthe furcata.	Cattleya Aclandiae.	*Cypripedium Dominianum.
Limatodes rosea.	Cattleya (Laelia) crispa.	Cypripedium caudatum.
*Calanthe Veitchii.	*Cattleya Sidneiana.	
Calanthe vestita.	Cattleya granulosa.	Cypripedium barbatum.
Cattleya granulosa.	Phajus grandifolius.	*Cypripedium Harrisianum.
*Cattleya hybrida.	*Phajus irroratus.	Cypripedium villosum.
Cattleya Harrisoniae.	Calanthe vestita.	
Cattleya Mossiae.	Goodyera discolor.	*Cattleya Pilcheri.
*Cattleya exoniensis.	*Anaectochilus Dominii.	
Laelia purpurata.	Anaectochilus xanthophyllus	*Cattleya Devoniensis.
Cattleya amethystina.	Goodyera discolor.	*Cattleya Dominiana.
*Cattleya irrorata.	*Goodyera Veitchii.	
Laelia elegans.	Anaectochilus Veitchii.	
Cattleya Aclandiae.	Aerides affine.	Cattleya Mossiae.
*Cattleya quinquecolor.	*Aerides hybridum.	*Cattleya Manglesii.
Cattleya Forbesii.	Aerides Fieldingii.	Cattleya Loddigesii.

Da wir von den Orchideensämlingen sprechen, so mag hier auch eine von dem verstorbenen Donald Beaton stammende Behandlungsart der Saat angeführt werden:

„Was die Aussaat des Samens betrifft, so verfahre man dabei wie folgt: die erhaltenen Samenkapseln bringe man auf ein glattes weisses Papier und entleere den staubfeinen Samen darauf; dann nehme man eine reine, womöglich neue sogenannte Samenschüssel (Terrine), stelle einen kleineren Topf verkehrt, d. h. den Boden nach oben gerichtet, in die Mitte, lege auf das Abzugsloch des letzteren ein seinem Boden entsprechend grosses Stück fasrigen Torfs und fülle den Zwischenraum mit ziemlich gleichgrossen, enge an einander geschlossenen Holzkohlenstücken aus, halte dann das Abzugsloch unten mit dem Finger zu und fülle den Topf ganz voll mit Wasser; auf dieses säet man den Samen und bläst so lange darauf, bis die Oberfläche ganz gleichmässig damit bedeckt ist. Nach dieser Procedur lässt man das Wasser, indem man den Finger etwas lüpft, behutsam allmählich ablaufen, damit sich der Same gleichmässig vertheilt festsetzt. Wenn das Wasser abgeflossen ist, so stelle man den Topf in einen Untersatz und unterhalte in diesem 25 Mm. hoch Wasser so lange, bis die Samen sich vollständig entwickelt haben; lege auf zwei quer über den Topf gelegte Stäbchen eine

Glastafel, damit die Luft Zutritt hat und bringe dann den Topf in eine tropisch-feuchte Wärme, damit der Inhalt gleichmässig feucht bleibt, was die Hauptsache ist; wenn von 100 Samenkörnern 99 nicht sehr bald wachsen werden, so kommt dies blos von nicht keimfähigen Samen her. Ich brachte Tausende von Orchideen gerade auf diesem Wege zur Welt, aber, um die Wahrheit zu sagen, sie verkamen alle und zwar auf eine Weise, die ich niemals ergründen konnte."

Eine andere Bemerkung will ich hier noch anfügen:

„Ich habe in Jamaica auf *Broughtonia sanguinea*, auf *Angraecum funale*, auf einigen Oncidien und Epidendren massenhaft reife Samenschoten hangen sehen und da wir natürlich wissen, dass sich alle Species aus Samen reproduciren, so sollte die Gartenbauwissenschaft im Stande sein, das Problem ihrer Reproduction hierbei uns zu lösen. Könnten wir es nicht dahin bringen, dass Samenpakete von Orchideen eben so regelmässig zum Verkauf öffentlich angeboten werden wie Samen — wenn auch nicht so wohlfeil — von Primeln und Balsaminen?"

Die beste Art und Weise um Sämlinge heranzuziehen ist vielleicht die, den Samen gleich nach der Reife an die Oberfläche von Töpfen oder Blöcken die mit lebendem Sumpfmoos bedeckt sind zu säen. Wenn die Samen gut sind, werden sehr wahrscheinlich immer einige von den Tausenden die jede Kapsel enthält, zum Vorschein kommen. Die Keimzeit ist wie es scheint sehr unbestimmt; manche brauchen nur 2—3 Monate, bei anderen hingegen dauert es viele Jahre bis sie keimen. *Disa grandiflora* ist eine von denen, die am leichtesten aus Samen zu ziehen sind; ein Freund theilt mir mit, dass er Hunderte von Pflanzen vom Samen einer einzigen Schote erhielt. *Cypripedium* scheint auch gerne zu keimen; denn es sind bereits 3 oder 4 Hybriden daraus entstanden.

Man kann natürlich keinen Augenblick daran denken, dass die Orchideensämlinge die importirten Pflanzen verdrängen werden, vorausgesetzt dass der Vorrath in ihren einheimischen Plätzen für unsere Bedürfnisse reicht. Wir wissen, dass es manche selbst auf diesen Plätzen sehr seltene Orchideen gibt, wie z. B. *Phalaenopsis intermedia Portei, Ph. Lowii* und die schöne *Aerides Schroederi (A. crispum var. Schroederi)*. Es ist aber auch nicht zu läugnen, dass eine beträchtliche Zeit verfliesst, ehe die Sämlinge einen blühbaren Zustand erreichen, aber dies würde in der Praxis nicht wesentlich schaden, weil, wenn jedes Jahr Sämlinge gezogen werden, stets einige im blühenden Zustand sein würden. Bei den Sämlingen ist man immer ungewiss wie es mit ihnen gelingen wird, aber wenn sie einmal bestimmt hervortreten, würde ihre vollständige Erziehung zweifellos ein entschiedener Erfolg sein. Ganz gewiss werden wir, wenn einmal die Behandlung bez. Keimung des Orchideensamens besser verstanden wird, durch Kreuzungen viele andere neue und schöne Varietäten bekommen.

Wem anders verdanken wir die vielen Varietäten von *Cattleya, Mossiae* als der Kreuzung durch Insecten auf ihren einheimischen Standplätzen und diese Pflanzen sind Sämlinge? Wenn der Same auswärts keimt, warum ist er hier zu Lande so schwer zu behandeln? Wenn wir in Betracht ziehen, was auf diesem Gebiete bisher geleistet wurde, so werden wir finden, dass unser Verzeichniss von Orchideen-Hybriden nicht viele Genera umfasst. *Cattleya, Laelia, Anaectochilus, Cypripedium, Goodyera, Phajus, Calanthe, Aerides* und *Limatodes*, das sind alle. Dendrobien wurden in einem Etablissement nahe bei Manchester aus Samen erzogen, aber ob es Hybriden sind oder nicht, kann ich nicht sagen. Es scheint, dass zwischen *Calanthe* und *Phajus* eine natürliche Verwandtschaft besteht, da sie sich sehr leicht kreuzen, obwohl in botanischer Hinsicht die eine zu den Vandeen und die andere zu den Epidendreen gehören.

Die Vermehrung der Orchideen.

Die meisten Orchideen sind sehr leicht zu vermehren; doch gibt es einige, die nur in langen Zwischenräumen vermehrt werden können. Der Werth der Orchideen hängt eben so sehr von der Schönheit der Blumen ab, als von der geringen Anzahl der existirenden Pflanzen oder der Schwierigkeit, sie in unseren Sammlungen zu vermehren.

Die Dendrobien sind vielleicht so leicht zu vermehren als irgend welche andere Orchideen. Die alten blühbaren Knollen von *D. nobile* können in Stücke der Länge nach geschnitten werden. Man steckt diese Stücke in einen gewöhnlichen gut drainirten Stecklingsnapf, überdeckt sie mit einer Glasglocke und senkt sie in Bodenwärme ein. So behandelt, machen sie leicht Wurzeln. *D. Devonianum, D. transparens* und viele andere können auf ähnliche Weise vermehrt werden; oder es können auch die alten Knollen am Topfrand umgelegt und in Sumpfmoos niedergehakt werden. Sehr gut ist es, wenn man im Orchideenhause einen geschlossenen Kasten hat, dessen Boden mit lebendem Sumpfmoos bedeckt ist. In diesen Kasten bringt man die alten, von der Pflanze getrennten und etiquettirten Scheinknollen und legt sie auf das Moos, welches der Feuchtigkeit und Frische wegen von Zeit zu Zeit bespritzt werden soll. Fast alle Orchideen werden in einer geschlossenen feuchten Atmosphäre aus den alten Knollen reichlich austreiben, wofern nur jedesmal an den eingelegten Schnittlingen unentwickelte Augen sich befinden. Alte Knollen von *Oncidium*, *Maxillaria* und *Lycaste* können

Fig. 8. Sämling von *Dendrobium*.

in einen Stecklingstopf gebracht, oder auf eine Lage von Moos an einen feucht-warmen Ort gelegt werden, wo ein grosser Theil davon wurzeln und kräftig treiben wird. *Aerides*, *Vanda* und *Saccolabium* können nur durch Lateraltriebe vermehrt werden. Diese Triebe werden namentlich bei manchen kräftigen importirten Pflanzen, welche ihren Leitungswuchs zufällig verloren haben, in reicher Menge erzeugt. Das gleiche gilt von *Camarotis* — einer schönen, wiewohl vernachlässigten alten Orchidee — und von *Angraecum*. *Thunia alba* und *T. Bensoniae* sind durch die alten Scheinknollen sehr leicht zu vermehren; man schneidet diese in 7—10 Cm. lange Stücke und behandelt sie in der für Dendrobien empfohlenen Weise. Die *Phalaenopsis* bringen oft Lateraltriebe und von Zeit zu Zeit junge Pflanzen auf den Blumenstengeln hervor. *Ph. Luddemaniana* thut dies häufig, während *Cypripedium, Masdevallia, Disa* und die meisten anderen Orchideen, wenn sie eine gewisse Grösse erreicht haben, leicht durch Theilung vermehrt werden können.

Aus Samen entstandene Orchideen trifft man nur selten, obwohl einige sehr grosse Pflanzen aus Samen erzielt worden sind.

Cypripedium und besonders *C. Schlimmii* tragen reichlich Samen wenn die Blüthen in der angegebenen Weise befruchtet werden; die letztere Species kommt regelmässig echt aus Samen. Der Same von

Fig. 9. *Phajus grandifolius*.   Fig. 10. *Phalaenopsis Schilleriana*.

Disa grandiflora geht reichlich auf und manche schöne Varietäten davon sind ohne Zweifel auf diese Weise entstanden. Wenn die Orchideen richtig befruchtet werden, so erzeugen sie eine ungemein grosse Menge ihres häutigen genetzten Samens, aber ich glaube dass in England die Pflanzen nur eine sehr kleine Menge keimfähigen Samen tragen. Der Orchideensame soll, nachdem er abgenommen, sofort gesäet werden und zwar auf frisches lebendes Sumpfmoos in feuchter Lage, wo nicht zu besorgen ist, dass er vor 12 Monaten gestört wird. Die Sämlinge brauchen lange Zeit, bis sie sich zu blühenden Pflanzen ausbilden. Doch ist die Erziehung aus Samen für Solche sehr interessant, welche Musse und Neigung haben, sich diesem Gegenstand zu widmen.

Sämlinge von Dendrobien und Cypripedien wurden in Faierfield gezüchtet; die letzteren von importirtem Samen. Herr Mitchell, Gärtner des Herrn Dr. Ainsworth in Lower Broughton bei Manchester hat auch einige sehr hoffnungsvolle Sämlinge von Dendrobien. Unser Holzschnitt (Fig. 8) zeigt ungefähr 3 Jahre alte Samenpflanzen, das Resultat der Befruchtung von *D. heterocarpum* mit dem Pollen von *D. nobile*.

Verschiedene hybride Cattleyen, Laelien und Cypripedien wurden von Herrn Dominy gezüchtet dem wir auch *Cypripedium Harrisianum* und *C. vexillarium* verdanken. Die *Calanthes* sind sehr leicht zu vermehren; man nimmt den alten Knollen die Spitze und sie bringen dann an der Stelle der Verwundung oft zwei oder drei junge Pflanzen hervor. Die zarte kleine *Pleione humilis* vermehrt sich sehr reich, indem sie an den Spitzen ihrer alten verfallenden Scheinknollen zahlreiche kleine Knöllchen hervorbringt. Diese fallen ab und schlagen Wurzel in das lebende Sumpfmoos auf der Oberfläche des Topfes. Die vorstehenden Methoden werden in den Handelsgärtnereien allgemein angewendet und sind auch für Privat-Etablissements zu empfehlen.

Unsere Illustration (Fig. 9—10) zeigt eine junge, zufällig auf einem Blüthenstengel entstandene Pflanze von *Phajus grandifolius* und auch junge Pflanzen auf dem Blumenstengel von Consul Schiller's *Phalaenopsis*. Sie zeigt zugleich auch einen halbrunden Block, an welchem durch Herrn Turner in Leicester *Phalaenopsis, Saccolabium* etc. mit Erfolg gezogen werden. Die Pflanzen auf diese Weise mit ausgesetzten Wurzeln zu cultiviren, ist viel zweckmässiger als diese in eine Masse von kaltem feuchtem und oft verottetem Sumpfmoos zu vergraben, wie es gewöhnlich an Plätzen geschieht, wo diese Pflanzen in Töpfen gezogen werden.

Insecten, welche den Orchideen schädlich sind.

Die meisten Pflanzen sind den Angriffen der Insecten ausgesetzt. Es kommt zwar nicht oft vor, dass sie beträchtlichen Schaden anrichten, wenn es der Gärtner oder seine Gehilfen an der gewöhnlichen Vorsicht nicht fehlen lassen. Der Thrips* ist eines der schädlichsten Insecten, besonders wenn die Temperatur des Hauses übermässig hoch und die Atmosphäre trocken ist; dies sollte aber in Häusern, welche der Cultur kühler Orchideen gewidmet sind niemals vorkommen. Die kühle feuchte Atmosphäre des Odontoglossum-Hauses ist nicht die günstigste für die Insecten; höchstens tritt in einer trockenen Ecke die rothe Spinne auf. Der gelbe Thrips, wenn er vorkommt, beginnt seine Operation beinahe immer zuerst auf dem saftigen Blattwerk von *Cypripedium Schlimmii*. Die gelbe Blattlaus, welche in den Orchideenhäusern gewöhnlich erscheint, macht sich zuerst an die Blumenähre von *Odontoglossum* und *Calanthes*; aber zwei oder drei mässige Räucherungen mit starkem Tabak werden sie vertreiben. Die Räucherung von *Odontoglossum* muss mit grosser Sorgfalt geschehen, sonst wird der Rauch beträchtlichen Schaden anrichten. Diese Pflanzen sollen niemals einer Räucherung unterworfen werden, wenn sie durch zu warme und trockene Atmosphäre nur im geringsten Grad eingeschrumpft sind. Herr Culley, Chef der wohlbekannten Sammlung von kühlen Orchideen zu Ferniehurst, nimmt nie Anstand, seine *Odontoglossum* zu räuchern, aber es ist daran zu erinnern, dass ihre Knollen und ihr Blattwerk frisch und kräftig sind, in welchem Zustande ihnen eine Räucherung nicht schadet; jedoch Herr Bateman, dessen Name im Gebiet der Orchideenzucht sehr bekannt ist, erklärt den Tabakrauch in den Odontoglossum-Häusern für schädlich.

Die Orchideen, welche in kühl gehaltenen Häusern gezogen werden, leiden selten von den weissen und braunen Schildläusen (*Aspidiotus*), welche unter den Aeriden und Vandeen so furchtbare Verheerungen anrichten. Wenn sie im kühlen Hause auftreten, so wird dies sehr wahrscheinlich am warmen Ende des Hauses geschehen und zwar auf den Cattleyen und Trichopilien. Wenn die Pflanzen regelmässig mit lauwarmem Wasser bespritzt und von Staub und Schmutz frei gehalten werden, so werden sie den Angriffen der Insecten nicht so ausgesetzt sein als wie im entgegengesetzten Falle und die Pflanzen sehen zum Lohn für die Mühe um so besser aus. Es gibt einige zur Zerstörung der Insecten, namentlich von Thrips und Läusen sehr wirksame Mittel; ich habe mit Erfolg „Fowler's Insecticides" und „Frettingham's Insecticides" gebraucht.

Die Herren Parr und Atherton von Nottingham haben eine

---

* Blasenfuss, *Thrips haemorrhoidalis*.   D. Uebers.

wirksame Erfindung zur Anwendung des letzteren Mittels in Form von feinem Regen gemacht, welcher überall und ohne die Blüthen im mindesten zu beschädigen eindringt*. Ein wenig von dem Mittel genügt zu der Operation. Dasselbe ist sehr nützlich, wenn nur wenige einzelne Pflanzen angegriffen sind; wenn aber eine bedeutende Menge grosser Exemplare gereinigt werden sollen, dann gibt es keine bessere Erfindung als der Seite 20 abgebildete Wasserkarren. Dieser kann mit irgend einem wirksamen Insectenmittel halb angefüllt und dann die Pflanzen in dieses eingetaucht werden, wodurch der Tod aller die Pflanzen zerstörenden Insecten erfolgt; oder die Pflanzen können nur theilweise in den Karren gehalten und mit der Flüssigkeit tüchtig gespritzt werden, ohne dass aber etwas davon verloren geht. Jeder der diese nützliche Erfindung einmal besass, wird nicht mehr ohne sie sein wollen.

Ich warne die unbedachten Züchter vor der Anwendung von Holzspiritus zur Reinigung von Orchideen, die von Schildläusen befallen sind. Diese Insecten werden zwar durch den Gebrauch desselben getödtet, aber auch das Blattwerk bedeutend entstellt, besonders wenn es bald darauf von der Sonne beschienen wird. Die folgenden Methoden welche zur Vernichtung der die Orchideen zerstörenden Insecten angewendet werden, sind wohl bekannt.

Für Kellerasseln *(Oniscus Asellus)* und Grillen *(Gryllus domesticus)* stelle man Glockengläser, Flaschen, glatte oder glasirte Terrinen so auf, dass sie in schiefer Lage sind, und fülle sie mit Theriak und Wasser, in welchem die Insecten ihren Tod finden, wenn sie auf die Lockspeise gehen. Holzläuse können durch in zwei Theile geschnittene und ausgehöhlte Kartoffeln, welche man um die Pflanzen legt und in welche sie sich flüchten, zerstört werden. Blattläuse tödtet man durch Räucherungen; diese müssen mittelst guten Tabakpapiers, aber mit grosser Sorgfalt angewendet werden, da sonst die Blätter mancher Species darunter leiden. Wenn zu einem Pfund Tabak eine Unze Salpeter, der durch Sieden im Wasser in einer kleinen Pfanne aufgelöst worden ist, über das Tabakpapier gespritzt oder dieses in die Salpeter-

---

* Ein sicheres Mittel besteht nach Bateman in folgender Zusammensetzung: Man löse ½ Pfund Kampher in Weingeist auf und fügt diesem 1 Pfund pulverisirten Schwefel hinzu und halte es in einer Flasche gut verschlossen. Mit diesem Pulver bestreut man die angegriffenen Pflanzentheile und wiederholt dies so oft als sich das Insect zeigt. Man kann auch noch Quassia und Aloë dazu thun. Dieses Mittel zerstört auch die Schildläuse. (Anm. d. Uebers.)

lösung eingetaucht wird, so wird dadurch das Papier doppelt wirksam, ohne dass die Gefahr der Verbrühung der Pflanzen erhöht wird. Man verwendet jedoch zuerst nur die Hälfte der Menge und wenn diese für ein Haus nicht stark genug ist, so kann sie allmählich gesteigert werden. Drei Räucherungen nacheinander, je eine Nachts, werden genügen um den Thrips zu tödten. Derselbe Erfolg wird auch mit Thrips und rother Spinne erreicht, wenn man die behafteten Pflanzen mit einer Mischung von einer Unze Aloë, einer Unze Tabak und 1 Gallon* Wasser wäscht; es ist dies unschädlicher als Mischungen welche Seife oder Terpentin enthalten und die die Blätter der Pflanzen beschädigen. Die Pflanzen sollten unmittelbar nach dem Auftreten der Insecten gewaschen und jede Woche ein- oder zweimal durchgesehen werden und wenn diese Waschungen stets gleich erfolgen sobald man ihr Erscheinen bemerkt, und so ihre Ausbreitung hindert, so ist es nicht schwer, sie rein zu halten. Ameisen kann man durch hingelegte frische Knochen oder durch genässte mit Zucker bestreute Badschwämme, oder durch Theriak, welchen man in Bouteillen oder Terrinen bringt, fangen und vertilgen. Schnecken werden gefangen durch ein wenig Kleie, die man unter Kohlblätter bringt, oder durch hohle Rindenstücke, was auch eine gute Falle für Holzläuse ist.

Beschreibende Liste von auserlesenen Orchideen für das temperirte und kalte Haus**.

Acineta, Lindley***.

Ein kleines Genus von robusten, beinahe terrestrialen Orchideen von Mittel-America. Scheinknollen gross wie Hühnereier, eckig, mit 2—4 breit-lanzettförmigen, gerippten Blättern. Blumen beinahe rund, fleischig, in starken hängenden Trauben geordnet, welche über die Körbe, in welchen alle Species dieser Section gezogen werden sollen, herabhängen.

* Eine engl. Gallon = ca. 4 Liter.   D. Uebers.
** Diejenigen Species, welche mit einem * markirt sind, gedeihen am besten in dem warmen Ende des Hauses.
*** Von ἀκίνητος, unbeweglich, Anspielung auf die Lippe, welche unbeweglich ist.

A. Barkeri, Bateman (Mexico, 1837). Diese Species wächst in ihrer Heimat in schattigen Thälern. Scheinknollen 12—17 Cm. lang, mit ca. 3 lanzettförmigen, langen und frisch-grünen Blättern. Blüthenschaft stark, wurzelständig, überhängend, mit 15—30 gelb- und dunkelcarmoisinrothen, wohlriechenden Blumen. Blüht im Mai und Juli. Diese Species wurde öfters als *Peristeria Barkeri* abgebildet.

A. densa, Lindley (Costa Rica). — Eine robust wachsende, im Habitus der vorigen ähnliche Species. Die limonien-gelben und braun getüpfelten Blumen sind beinahe rund und von wachsähnlicher Consistenz. Die Pflanze ist auch unter dem Namen *Acineta Warscewiczii* bekannt.

A. Humboldti, Lindl. (Columbien, 1842). — Eine feine Species, mit schnell vorübergehenden, grossen, rothbraunen und punktirten Blumen. Die Pflanze blüht im März und April; Blumenschaft 60 Cm. lang. Sie wurde als *Peristeria Humboldti* abgebildet und ist auch unter den Namen *Acineta superba* bekannt. Alle hier empfohlenen Sorten sind grosswüchsige Pflanzen und lieben eine schattige Position in dem Hause und reichlich Feuchtigkeit während des Wachsthums.

Ada.

A. aurantiaca (Neu-Granada). — Dieses Genus ist bis jetzt nur durch die genannte Species in unsern Sammlungen vertreten; sie ist von ziemlich zwergigem Wuchs, immergrün und wächst in ihrer Heimat in einer Höhe von 2550 Meter; sie ist mit *Brassia* nahe verwandt und trägt 10—12 orange-scharlachrothe Blumen, welche an einem aufrechten oder nickenden, 30—40 Cm. langen Schaft gegen die Spitze zu besonders dicht sitzen; die verlängerten Petalen sind innen schwarz gestreift. Die Blumen erscheinen im Winter und Frühling und halten eine beträchtlich lange Zeit; sie sind wegen ihrer brillanten Färbung sehr auffällig.

Aerides, Swartz*.

A. affine, Wallich (Sylhet, 1837). — Stämme 30—90 Cm. hoch, an den Spitzen zackig; Blüthentrauben cylindrisch, 30—60 Cm. lang; die zahlreichen Blumen weiss, rosa angehaucht und reich mit Purpur gefleckt. Die Pflanze blüht um die Zeit von Mai oder Juni, die Blüthen halten sich ungefähr 1 Monat lang in ihrer Vollkommenheit.

*a. *A. affine*, var. *superbum*. Ist nur eine tiefer gefärbte Varietät von der vorstehenden.

---

* Von aër, die Luft, da sie ihre Nahrung aus der feucht-warmen Luft ziehen.

A. crispum, (Indien, 1840). — Diese schöne Species ist von besonders unregelmässigem Habitus; die Blätter sind breit, nahezu horizontal ausgebreitet und stumpf-zweilappig an ihren Spitzen. Blumen-

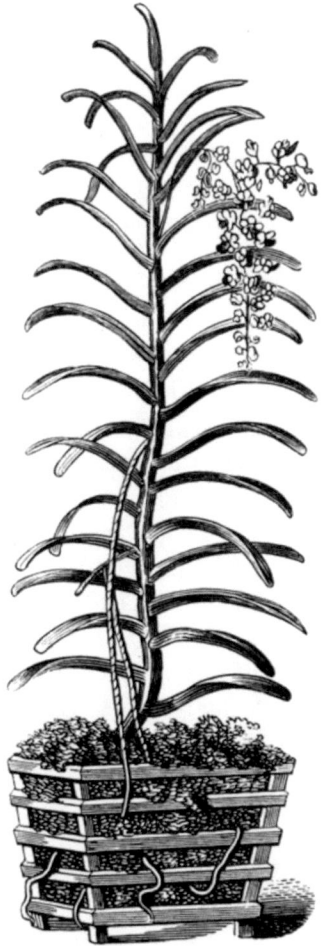

Fig. 11. *Aerides crispum*.

ähre 30—45 Cm. lang, oft verzweigt; Blumen gross, Lippe etwas rautenförmig, zweilappig an der Spitze und tief rosapurpurfarbig überzogen; Sepalen und Petalen rein weiss, oder weiss und lieblich rosa schattirt. Die Pflanze blüht gewöhnlich sehr reich im Mai, Juni und Juli.

*a. *A. crispum Lindleyanum* ist eine robuste Varietät der obigen; sie wird oft 90 Cm. hoch.

*b. *A. crispum Warneri*. Eine andere hübsche Varietät mit schmäleren Blättern und tiefer gefärbten Blumen als die von der typischen Form sind.

**A. Fieldingii* (Indien). — Diese ist eine der feinsten Species unter allen und geht gewöhnlich unter der Bezeichnung „Fuchsschwanz-Aerides". Sie wächst 60—120 Cm. hoch; ihre Stämme sind dicht mit dunkelgrünen Blättern bekleidet; die Aehren variiren zwischen 60—90 Cm. Länge, sie sind unverzweigt und erscheinen reichlich vom April bis Juli. Blumen weiss, rosa angehaucht und purpurn gefleckt.

Angraecum, Thouars *.

Die schönste Species von diesem Genus stammt von der Insel Madagascar und es wurde eine schöne Anzahl kleinblumiger Species in Südafrica gefunden; die einzige Species aber, welche kühle Behandlung verträgt, ist die kleine *A. falcatum* von Japan.

**A. falcatum.* — Diese kleine zwergige Pflanze ist auch als *Sarcochilus falcatus* bekannt und wurde von Lindley, wie ich glaube *Oeceoclades falcata* benannt. Ihr Blattwerk ist gleich wie bei den anderen Arten zweizeilig geordnet. Blätter 5—10 Cm. lang, wenn durchschnitten nahezu dreieckig, dick und fleischig. Die ganze Pflanze wird nicht über 15 Cm. hoch. Blumen 4—7 an einer aufrechten Aehre, welche kürzer ist als die Blätter, rein-weiss, die Lippe mit einem 6 Cm. langen Sporn versehen; die Blumen sind in Grösse und Gestalt der britischen Schmetterlings-Orchidee *(Habenaria bifolia)* nicht unähnlich. Die Pflanze sollte in Torf, entweder in einem Korb oder kleinen Topf gezogen und in der Nähe vom Glas, aber etwas beschattet aufgehängt werden.

Anguloa, Ruiz und Pavon **.

Ein kleines Geschlecht, welches über ein halb Dutzend robuste Species enthält. Sie stammen alle von Columbien oder Neu-Granada und wachsen auf ihren einheimischen Plätzen in feuchten, schattigen Lagen unter Bäumen. Die Scheinknollen sind ca. 12—20 Cm. lang, so dick wie eines Mannes Handgelenk und tragen 2—3 aufrechte, breite, lanzettförmige, 60—120 Cm. lange Blätter. Ihre Blumen ähneln grossen

---

* Von Anguerek, dem malayischen Namen.
** Nach Don Francisco de Anguloa benannt.

wachsartigen, missgestalteten Tulpen und stehen einzeln auf 30—40 Cm. hohen Schäften; sie entwickeln sich zu der Zeit, wo die Pflanzen zu wachsen beginnen, ca. März bis April. Die Pflanzen müssen in schattiger Lage gehalten, und während ihres Wachsthums reich mit Feuchtigkeit versehen werden.

A. Clowesi, Lindl. — Blumen goldgelb, Lippe weisslich; Sepalen und Petalen concav, daher der ganze Bau der Blumen kugelförmig oder nahezu so. Diese Species wurde in Columbien in einer Höhe von 1500 bis 1800 Meter gefunden.

A. Ruckeri (Neu-Granada, 1845). — Habitus gleich dem der vorstehenden. Blumen aussen grünlich-orange, innen entweder tief rothbraun wie bei der Varietät *A. sanguinea*, oder licht-braun und nanking- oder loh-gelb gesprenkelt.

A. uniflora, Ruiz et Pavon. — Diese schöne Species wurde im gleichen Jahre wie *A. Clowesi* (1844) eingeführt und ist eine der besten in der Cultur. Ihre grossen, beinahe kegelförmigen Blumen sind weiss, lieblich pfirsichfarbig tingirt und innen reich blassroth getüpfelt.

A. eburnea (Neu-Granada). — Eine seltene und schön reich blühende Species, welche die gleiche Behandlung wie die vorstehende verlangt*.

Arpophyllum, La Llave et Lexarz.

Ein kleines Genus von Epiphyten (Luft-Orchideen) von Neu-Granada und Mexico. Eine der schönsten Pflanzen davon habe ich in der Sammlung des Herrn A. Turner in Leicester gesehen.

A. giganteum (1839). — Eine schöne Pflanze. Blätter ungefähr 60 Cm. lang, auf schlanken Scheinknollen stehend. Blumen rosa-purpurn, klein, aber dicht und symmetrisch auf cylinderförmigen 60—65 Cm. langen Schäften geordnet. Wenn die Pflanze gut gezogen wird, so blüht sie reich und bildet einen Gegenstand von grosser Schönheit. Sie wächst üppig in fasrigem Torf, $^1/_3$ torfigen Lehm reichlich mit frischen Holzkohlenstücken und Scherben untermischt; liebt eine reichliche Bewässerung während der Wachsthumsperiode.

---

* Die Pflanze hat dunkelgefärbte Scheinknollen mit prächtig grünen Blättern; die Blumen sind so gross wie die von *Clowesi*; die Lippe blassroth getüpfelt.

(Anm. d. Uebers.)

Barkeria, Knowles et Westcott*.

Laubabwerfende Epiphyten von Central-America oder Mexico, mit schlanken, 15—30 Cm. hohen Scheinknollen. Sie blühen gleich allen anderen Orchideen sehr reich, wenn sie gut cultivirt werden. Die Pflanzen wachsen kräftig in einer kühlen luftigen Temperatur, in Schüsseln oder Körben nahe am Licht aufgehängt und mit Gaze oder einem anderen leichten Zeug beschattet. Ich habe sie in Schüsseln gezogen, welche mit Eichenmoderstücken und lebendem Sumpfmoos gefüllt waren**. Sie wurden während des Wachsthums täglich 3—4 mal

---

* Nach William Barker von Birmingham genannt.

** Manchem Leser dürfte vielleicht das Sumpfmoos, von dem hier so oft die Rede ist, und das bei der Orchideencultur eine so grosse Rolle spielt, nicht genug bekannt sein; ich füge desshalb eine nähere Erläuterung bei.

Torfmoose oder Sphagneen, *Sphagnum*, auch Sumpfmoose, nennt man eine Familie sehr grosser Moose, welche die Torfgründe, Moore und Sümpfe der gemässigten und der kalten Zone wie mit einem ungeheuren Teppich überziehen, und zur Torfbildung ganz vorzugsweise beitragen. Sie zersetzen sich nemlich in den stillstehenden Gewässern ziemlich rasch, werden in halbzersetztem Zustand von Schlamm überlagert und einer Art Bitumisirungsprocess unterworfen, und bilden auf diese Weise nach und nach eine Bodenart oder Dammerde, welche, wenn sie eine gewisse Mächtigkeit erreicht hat, nutzbar gemacht, d. h. ausgestochen und als Brennstoff verwendet wird.

In Deutschland kennt man 6—8 Arten dieser Sphagneen, welche sowohl in stehenden als in langsam fliessenden Wasser wachsen, besonders aber in Torfgruben und Abzugsgräben, in Sümpfen, Torfmooren u. s. w. vorkommen, und grosse, oft sehr verbreitete weiche und schwammige Polster von grünlich-weiser, blass gelblichgrüner, bläulich-grau-grüner Farbe und andere Färbungen bilden, wesshalb man sie im gemeinen Leben auch gewöhnlich als weisses Moos bezeichnet. Die am häufigsten vorkommenden Arten sind: *Sphagnum cymbifolium, squarrosum, molluscum, obtusifolium, cuspidatum, acutifolium, laxifolium* und *compactum*, deren Unterarten und botanische Merkmale hier überflüssig sind, weil hier nur der praktische Nutzen den sie für die Gärtnerei haben in Betracht kommt. Die einzelnen Pflanzen haben eine Länge von 10 bis über 30 Cm., und nur eine allgemeine Aehnlichkeit mit dem sogenannten grünen Moos unserer Laubmoose des trockenen Bodens, von denen sie sich bei näherer Betrachtung durch Blattbildung, Habitus und Bau wesentlich unterscheiden.

Die Verwendung dieser Torfmoose in der Gärtnerei nimmt immer mehr überhand. Von Natur aus schlechte Wärmeleiter und die Nässe ganz vollkommen durchlassend, gestatten sie den Wurzeln der Orchideen freies Spiel und Durchgang, und gewähren ihnen zu gleicher Zeit eine leichte, wohlthuende Feuchtigkeit und eine angenehme Wärme. Hiemit verbinden sie den Vortheil, dass sich zwischen ihren dichtliegenden Stengeln und Blattfortsätzen keinerlei Ungeziefer ansetzen kann, namentlich keine Schnecken, Kellerasseln, Ameisen u. s. w., wie sie unter den Bruchstücken von Torf und Heideerde oder faulem Holze unvermeidlich sind.

in temperirtes Wasser eingetaucht. Bei dieser Behandlung gediehen sie ausgezeichnet und blühten reichlich.

B. elegans (Guatemala, 1836). — Eine schöne, schlankwachsende Species mit einem schlanken, 60 Cm. langen Schaft; Sepalen und Petalen rosalila; Lippe weiss oder lila, rosenroth gefleckt. Es ist eine der feinsten von allen Barkerien und variirt leicht. In der Cultur sind zwei oder drei Varietäten davon.

B. Lindleyana (Bateman, 1840). — Reichblühende Species von Costa-Rica. Blüthenstengel 60 Cm. lang, sehr schlank mit fünf bis sieben Blumen nahe der Spitze. Sepalen und Petalen rosapurpurn; Lippe weiss mit einem tiefgrünen Fleck an ihrer Spitze. Die Blumen erscheinen im September oder Oktober und behalten ihre Schönheit ziemlich lange.

B. melanocaulon (Costa-Rica). — Eine schöne Species, die man aber selten trifft. Die Blumen stehen an einem aufrechten Schaft, erscheinen im August und September und behalten lange Zeit ihre Schönheit. Sepalen und Petalen rosalila, Lippe blassroth oder rosapurpurn mit einem grünen Fleck in der Mitte. Es ist eine sehr hübsche Species, die gut gedeiht, wenn sie wie die andern Arten behandelt wird.

B. Skinneri (Guatemala). — Eine sehr kräftige Species und werthvoll als eine im Winter blühende Pflanze. Die 15—20 Cm. lange Blumenähre erscheint an der Spitze des ausgereiften Triebes, ist oft verzweigt und bildet eine dichte Masse von tief purpurnen Blumen. Wenn die Blumen vor Feuchtigkeit geschützt werden, so bleiben sie 8—10 Wochen lang schön.

a. *B. Skinneri*, var. *superba*. — Eine schöne weissgefleckte Varietät von der vorigen und zu gleicher Zeit blühend.

Zu diesem Zwecke zieht man die verschiedenen Sphagneen in lebendem Zustande mittelst des Rechens oder mit der Hand aus ihrem Standorte, was am besten Ende Augusts geschieht, breitet sie in der Sonne zum Trocknen aus und wendet sie dabei häufig mit der Gabel oder dem Rechen um. Wenn das Moos hinlänglich trocken ist, so zupft man es mit der Hand auseinander und stapelt es in Haufen auf, wie das grüne Moos, vor welchem es noch den grossen Vorzug hat, dass es weit reinlicher ist, indem es beinahe keine fremden Stoffe enthält. Zur Cultur der Orchideen genügt es, das Torfmoos mit den Händen zu zerreiben, so dass es gebrochen wird, oder man hackt es mit einer scharfen Axt grob zusammen. Getrocknet und im unzertheilten Zustande dient es noch mit grossem Nutzen zur Verpackung kostbarer Gegenstände der Gärtnerei, wie Obst, Zwiebeln, Knollen und zarterer Pflanzen. (Anm. d. Uebers.)

B. spectabilis (Guatemala, 1843). — Schöne, grossblumige, im Sommer blühende Art, deren einzelne Blumen volle 5 Cm. im Durchmesser haben; Sepalen und Petalen länglich, zugespitzt, rosalila; Lippe weiss, tief lila oder rosapurpurn gerändert und hochroth gesprenkelt. Importirte Pflanzen von dieser Species sowie von vielen andern Arten (Orchideen) variiren bedeutend. Die Blumen erscheinen im Mai und Juli, bleiben 8—10 Wochen schön. Diese und die vorhergehende Species können während der Blüthe in den Salon gebracht werden. Unter dem Schutz einer Glasglocke wird sie einen Gegenstand von grosser Schönheit bilden, ein Genuss, der nicht die Besorgniss wachruft, dass sie Schaden leiden könnte, wenn die Temperatur des Zimmers über dem Eispunkt gehalten wird.

Calanthe, Brown*.

Ein Genus von schönen, meistens tropischen Pflanzen; doch wird *C. veratrifolia* kräftiger wachsen und reichlich blühen, wenn sie in die warme Abtheilung des kalten Hauses gebracht wird.

C. veratrifolia (Ostindien, 1819). — Blätter 60 Cm. oder mehr lang, faltig, mit wellenförmigen Rändern versehen und frisch grün. Schäfte 60—90 Cm. hoch, reichlich erscheinend bei gut cultivirten Pflanzen. Blumen mit Ausnahme der Spitzen, welche grün sind und der Papille an dem Diskus der Lippe, welche goldfarbig ist, reinweiss. Die Blumen blau, manchmal schwarz, wenn sie gequetscht werden; sie bleiben 6—8 Wochen in Vollkommenheit; es ist eine schöne Pflanze, wenn sie vollkommen blüht. Blüthezeit im Mai und Juli.

Cattleya, Lindley**.

Eines der glänzendsten Geschlechter unter den Orchideen; einige Species tragen hübsche, 15—20 Cm. im Durchmesser haltende Blumen, welche hochroth, purpurn und goldig gefärbt sind. Bei einigen Species treten diese Farben lieblich schattirt untereinander und mit unbeschreiblicher Weichheit auf; während andere durch den reichen Contrast reiner glühender Farben auf reinstem weissen Grund überraschen. Die Cattleyen gedeihen am besten in Töpfen in gutem faserigen Torf und lebenden Sumpfmoos. Sie wachsen alle üppig in einer feuchten Atmosphäre und in einer mässig kühlen Temperatur. Einige wenige der

---

* Von Kalos schön und Anthos eine Blume.
** Nach William Cattley benannt.

niedrig wachsenden Species, wie *C. Arlandiae, C. Walkeriana (bulbosa), C. citrina* und *C. marginata* gedeihen am besten auf Blöcken oder in kleinen seichten Schüsseln nahe dem Licht aufgehängt.

**C. bulbosa* (Brasilien, 1846). — Eine zwergig wachsende, selten 15 Cm. Höhe überschreitende Species. Sie macht zwei Triebe während der Saison und blüht oft aus beiden. Die Blumen sind gross und stehen einzeln oder zwei beisammen; sie haben 10—12 Cm. im Durchmesser und sind prächtig rosalila. Sie sollen entweder an Blöcken mit ein wenig lebendem Sumpfmoos oder in flachen Schalen in faserigem Torf, Sumpfmoos und Holzkohlenstücken mit guter Drainage gezogen und nahe dem Licht aufgehängt werden. Die Blumen erscheinen im Februar und März und bleiben 5 Wochen lang vollkommen schön.

**C. citrina* (Mexico, 1838). — Eine sehr hübsche, anziehende und einzig in ihrer Art dastehende Species; es gibt keine zweite *Cattleya*, welche ihr in Betreff des Habitus und der Farbe gleichkommt. Die Scheinknollen sind so gross wie Taubeneier und im jungen Zustand mit einem silberfarbigen Häutchen bedeckt; sie sind 2—3blättrig; Blätter 15—25 Cm. lang, ungefähr 25 Cm. breit, blass graugrün. Die Blumen erscheinen einzeln aus den spätest entwickelten Knollen, sind prächtig limonengelb und meist köstlich riechend; sie sind von wachsartiger Consistenz und bleiben ungefähr 1 Monat schön. Die Pflanze soll auf einem Block gezogen werden und wenn sie im Wachsthum ist, ein- oder zweimal des Tages in laues Wasser eingetaucht werden.

**C. crispa* (Rio Janeiro, 1826). — Die Pflanze ist in einigen Sammlungen auch als *Laelia crispa* bekannt. Es ist eine grosse, längst bekannte, brauchbare und leicht zu ziehende Orchidee. Scheinknollen keulenförmig, 30—90 Cm. hoch, einblättrig. Wenn sie gut cultivirt ist, so bringt sie starke Schäfte hervor, welche 5—9 liebliche Blumen tragen; Sepalen und Petalen weiss oder weiss und lila angehaucht; Lippe sammtig hochroth mit einem schmalen, wellenförmig gekräuselten Saum, welcher den Blumen den schönsten Glanz verleiht. Blumen 10—12 Cm. im Durchmesser haltend, erscheinen gewöhnlich im Juli oder August und bleiben 2—4 Wochen vollkommen schön. Wenn gut cultivirt, gibt es eine ausgezeichnete Pflanze für Herbstausstellungen.

*a. *C. crispa superba*. — Eine schöne, tiefgefärbte Varietät, welche gleichzeitig mit der vorigen, von der sie stammt, blüht.

**C. labiata* (Brasilien, 1818). — Die wirkliche alte *Cattleya labiata* ist eine der feinsten Orchideen; aber es wird eine gute Zahl mehr

oder weniger schöner Varietäten unter diesem Namen cultivirt. Die
Blumen von „*labiata*" haben ca. 13—15 Cm. im Durchmesser und sind
prächtig rosalila; die Spitzen der Lippen sind eine dichte, glühend
purpurne Masse. Es ist eine der feinsten im Winter blühenden Orchideen und auch für Frühlingsausstellungen sehr brauchbar. Die Blüthezeit ist verschieden, je nach der Behandlung, welche der Pflanze zu
Theil wurde. Die Blumen halten 1 Monat.

*a. *C. labiata*, var. *pallida*. — Diese Varietät ist im Habitus sehr
distinct; sie hat lichtgrüne durchsichtige Blätter und geht gewöhnlich
unter dem Namen: „im Sommer blühende Varietät von *labiata*." Sie
ist brauchbar und kann den Sammlungen hinzugefügt werden, da sie
nach der tropischen Form in die Blüthe kommt; sie macht übrigens
im Allgemeinen wenig Effekt.

*C. *marginata* (Brasilien, 1843). — Eine zwergig wachsende, für
kleine Schüsseln oder Blöcke geeignete Pflanze. Die fein riechenden
Blumen haben ca. 7,5—10 Cm. im Durchmesser und sind prächtig carmoisinpurpurroth. Lippe mit einem reinweissen Rand versehen, daher
der specifische Name. Die Blumen erscheinen um die Zeit vom September oder Oktober und dauern 2—3 Wochen.

Fig. 12. *Cattleya Mossiae*.

*C. *Mossiae* (Venezuela, 1836). — Diese Species ist der Hauptanker der Orchideenzüchter, oder vielmehr war es vor der Einführung von *Odontoglossum Alexandrae* und zwar verdienter Weise; denn ihre Schönheit kann mit jedem andern Gewächs des Pflanzenreichs einen Vergleich aushalten. Der grosse Reiz der Pflanze besteht darin, dass kaum 2 Varietäten davon gefunden werden, die einander gleich sind. Über diesen Punkt sagt Gardners Chronicle vom 11. Juli 1864 bei der Charakterisirung jener Species, wie sie in der ausgezeichneten Sammlung der durch Herrn Warner gezogenen Varietäten verherrlicht sind, von einem der Exemplare: „es war eine Masse von 60 Cm. Durchmesser und trug 30 ihrer noblen Blumen. Es sind kaum 2 Pflanzen sich gleich und einige sind höchst merkwürdig verschieden von einander, so dass es in Zukunft für den Liebhaber von Orchideen nicht genug sein wird bloss *C. Mossiae* in seinen Sammlungen aufzunehmen, er muss vielmehr unter den mancherlei Formen eine Anzahl solcher auswählen, welche seinem Geschmack am besten entsprechen." Die einzelnen Blumen der *C. Mossiae* haben 15—20 Cm. im Durchmesser; die Sepalen und Petalen sind lieblich rosalila oder fleischfarbig, während die Lippe reich goldgelb gefärbt und purpurroth sammtig geädert ist. Die hauptsächlichsten Varietäten sind:

a. *C. Mossiae aurantiaca.*
b. *C.   „   superba.*
c. *C.   „   picta.*
d. *C.   „   rosea.*
e. *C.   „   speciosissima.*

**C. Skinneri* (Guatemala, 1836). — Eine sehr distinkte Pflanze. Ihre keulenförmigen glatten Scheinknollen tragen zwei längliche lederartige Blätter von ungefähr 7,5 Cm. Länge. Blumen 4—9 auf einer Ähre, rein glänzend carmoisinpurpur. Die Lippe ziemlich dunkler. Es ist eine Pflanze erster Classe für Frühling- und Sommerausstellungen, da sie leicht zu ziehen ist und sehr reich blüht. Herr A. Turner von Leicester stellte 1866 in London eine merkwürdige Pflanze von dieser Art aus, welche 20—30 Blumenähren trug. Ein Exemplar von *C. Mossiae* in der Sammlung dieses Herrn wurde gleichfalls sehr bewundert.

**C. Trianiae.* Ist auch unter dem Namen *C. Warscewiczii* bekannt und hat auch gleich ihren Verwandten *C. labiata* und *Mossiae* mehr oder weniger distinkte Varietäten; Sepalen und Petalen nahezu rein weiss, Lippe rosalila mit gelber Mündung. Sie sind alle leicht zu ziehen und weil sie in den Wintermonaten blühen, von doppeltem Werth.

Keine von den hier erwähnten Cattleyen ist kostspielig, und wenn nur zwei oder drei von jeder Sorte gezogen werden, so werden sie bei

Fig. 13. *Cattleya Trianiae*.

stets entsprechender Behandlung das ganze Jahr hindurch ihre schönen Blumen der Reihe nach hervorbringen.

Coelogine, Lindley. *

In diesem Genus haben wir nur eine Species, welche werth ist in unsere ausgewählte Liste aufgenommen zu werden — ausgenommen

---

* Von Koilos hohl und Gyne ein Weib, wegen der Form des Stigma's.

natürlich die reizenden kleinen Glieder der Pleione-Gruppe. Viele von den Coeloginen sind zur kühlen Cultur geeignet, bringen aber ihre Blumen nicht so reichlich hervor, dass es der Mühe werth wäre, sie hier zu erwähnen.

C. cristata (1837). — Eine glänzende im Winter blühende Pflanze aus Nord-Indien, Sylhet und Nepaul, wo sie häufig in einer Höhe von 1500—2400 Meter gefunden wird. Scheinknollen so gross oder grösser als Taubeneier, glänzend grün und ganz dick, wenn sie gut cultivirt sind; jede Knolle trägt zwei glänzend dunkelgrüne lanzettförmige 15—30 Cm. lange Blätter. Blumen 5—7,5 Cm. im Durchmesser, 5—7 an einem überhängenden Schaft, reinweiss, ausgenommen die Lippe, welche am Diskus einen orangegelben Fleck und zwei kammförmige Zähne hat. Gut gezogene Exemplare tragen 20—90 Ähren und bleiben einen Monat lang schön. Es ist zwar eine alte Pflanze, aber eine der feinsten Orchideen zu Dekorationen im Winter sowohl für das Orchideenhaus als für den Salon. Eine einzige Ähre nett arrangirt an einem Wedel von *Adiantum*, gibt einen sehr gesuchten Kopfputz.

Colax, Lindley. *

C. jugosus (Brasilien). — Eine seltene und auffallend hübsche Species, welche ich zuerst in Herrn Rucker's ausgewählter Sammlung in Wandsworth sah. Scheinknollen 5—7,5 Cm. hoch, oval, zweiblättrig; Blätter breit, lanzettförmig, 15—17 Cm. lang; Blumen ca. 4 Cm. im Durchmesser, 2—4 an einem aufrechten Schaft; Sepalen ungefähr 25 Cm. lang und 13 Mm. breit, rein weiss, mit Purpur gefleckt; Lippe geigenförmig und dunkel bläulichpurpurn gestreift und gefleckt; Säulchen (Columna) weiss mit einigen purpurnen Streifen, vornen gelb. Der lebhafte Contrast zwischen den rein weissen Segmenten und den reich purpurnen Flecken ist sehr anziehend. Die Blumen bleiben lange schön. Die Pflanze ist auch unter dem Namen „*Maxillaria jugosa*" bekannt. Wächst kräftig im temperirten Hause.

Cymbidium, Swartz. **

Dies ist ein verhältnissmässig grosses Genus von Erdorchideen, sie werden aber selten in der Cultur gefunden. Sie wachsen alle üppig in einer Mischung von frischem faserigem Torf mit Scherben, Sand

---

* Von Kolax ein Schmarotzer. Epiphyte.
** Von Kymbe ein. Kahn, wegen einer Vertiefung in der Lippe.

und Kohlenstücken untermischt. Die Töpfe müssen vollständig gut drainirt sein, da sie während des Wachsthums viel Feuchtigkeit lieben.

C. eburneum (China, 1846). — Blätter zweizeilig, 40—45 Cm. lang, 13 Mm. breit, blassgrün. Wächst üppig in mässiger Temperatur, welche im Winter nicht unter 6° R. fällt. Blumen paarweise auf aufrechten Schäften, im Allgemeinen reinweiss, doch sind bei einigen Varietäten die Petalen leicht fleischfarbig gefleckt oder angehaucht; Lippen mit einigen sammtig goldigen Mittelstreifen versehen. Eine schöne Species, wovon Mutterpflanzen 50—100 Guineen werth sind. Die Blumen erscheinen im Frühling und bleiben volle sechs Wochen lang schön.

C. Hookerianum. — Eine wirklich distinkte und noble Species mit grossen Ähren von 5—10 grossen grünen Blumen, welche eine blassgelbe und purpurroth gefleckte Lippe haben; einzelne Blumen 7,5—10 Cm. im Durchmesser. Wenn diese Pflanze nicht in der Blüthe ist, so ist sie leicht unterscheidbar durch die blass gelblichgrünen Blattstiele; diese sind dunkelgrün gestreift und roth gerändert. Eine feine Pflanze dieser Art blühte in der seltenen Sammlung des Herrn G. Davis in Colston Basset, Notts. Sie ist auf dem Sikkim-Himalaya einheimisch und wächst kräftig in einer mässigen Temperatur, wenn sie reich mit Feuchtigkeit versehen wird.

C. Mastersii (Ostindien, 1841). — Blumen schneeweiss, 5—8 nahe der Spitze des Schaftes beisammenstehend. Lippe mehr oder weniger fein fleischfarbig angehaucht oder schattirt. Die Blumen haben einen der Mandel ähnlichen lieblichen Geruch. Die Pflanze wächst üppig, wenn sie in der gleichen Weise wie *C. eburneum* behandelt wird. Die Blumen erscheinen während der Wintermonate und halten 5—6 Wochen.

Cypripedium, L. *

Ein grosses und interessantes Genus von seltsamen und schönen Pflanzen, welche weit zerstreut wachsen und zwar von den mässig warmen Wäldern von Nordamerica an bis zur heissen und feuchten Temperatur der Tropen. Die Blumen sind eigenthümlich indem die Lippe eine pantoffelähnliche Gestalt hat, woher auch der Name Frauenschuh stammt. Ein grosser Theil dieser Pflanzen wächst kräftig in einem kühlen Hause, dessen Temperatur im Winter nicht unter + 6° R.

---

* Von Kypris, Venus und Podion ein Pantoffel.

1. Miltonia Warscewiczii
2. Oncidium superbiens.
3. Lælia furfuracea
4. Barkeria Lindleyana v. Centeræ.

Liste auserlesener Orchideen.

Fig. 14. *Cypripedium Ashburtoniae*.

fällt. Die Cypripedien sind entschiedene Erdorchideen und gedeihen ausgezeichnet in einer Mischung von frischem torfigem Lehm (der um so besser, je faseriger er ist) wohlgetrocknetem Kuhfladen und gutem faserigem Torf. Die Töpfe oder Schüsseln müssen gut drainirt sein und die Pflanzen während der Sommermonate reich begossen werden. Sie dürfen niemals ganz trocken werden, selbst dann nicht, wenn sie im Ruhestande sind. Wenn sie im Frühjahre zu wachsen beginnen so müssen sie um den Thrips abzuhalten, häufig gespritzt werden.

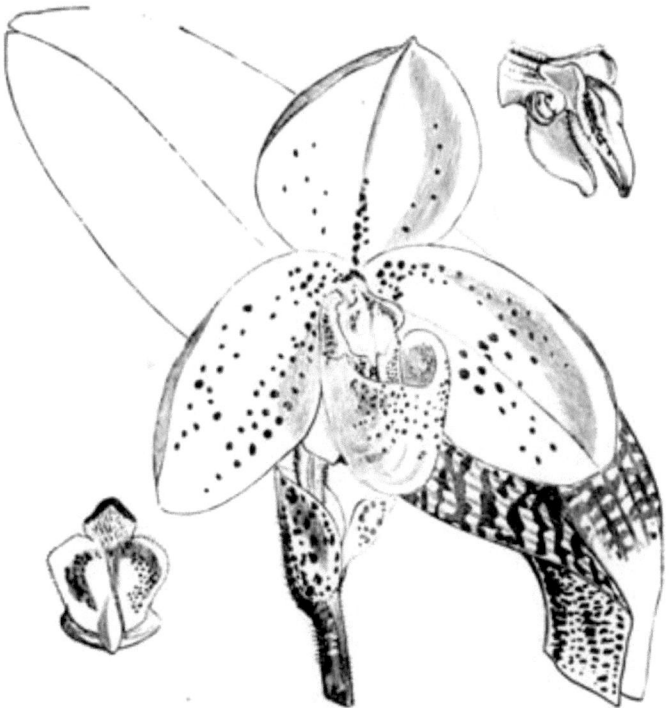

Fig. 15. *Cypripedium concolor*.

Die meisten Species können in grossen flachen Schalen (Terrinen, Anpeln) gezogen werden und sind zu Ausstellungszwecken besonders geeignet. Die harte oder halbharte Section wurde vernachlässigt; ich gebe aber zum Schluss eine populäre Synopsis davon und hoffe, dass ihnen in Kurzem wieder mehr Aufmerksamkeit geschenkt werden wird. Viele von diesen sind eben so schön als wie die, welche in unsern Häusern gegenwärtig cultivirt werden.

C. barbatum (Malacca, Mount Ophir, 1838). — Eine wohlbekannte Pflanze und sehr häufig bei Sommer-Ausstellungen zu sehen. Blätter 12—15 Cm. lang, grün, dunkler geädert. Blumen 5,7—7,5 Cm. im Durchmesser purpurfarbig und grün, Dorsal-Sepale nahezu weiss, purpurn gestreift und gegen die Basis zu grünlich; Petalen längs der oberen Ränder glänzende und behaarte Warzen tragend. Die Blumen erscheinen vom Januar bis Juni und halten 6 Wochen.

*a. *C. barbatum Dayi.* Eine grosse und hübsche Varietät.

*b. *C. barbatum nigrum.* — Eine weitere gute und distincte Varietät unterscheidbar durch die bedeutende Grösse der Blumen und durch die dunkelpurpur gefärbte Lippe.

*c. *C. barbatum Veitchii.* — Diese Varietät hat so grosse Blumen wie *Dayi*, aber mit gefleckten Petalen. Sie wird gross und sollte jeder ausgezeichneten Sammlung einverleibt werden. Blüht im Juli. In Handelsgärtnereien oft *C. superbiens* oder *C. grandiflorum* benannt.

C. caudatum (1848). — Eine curiose lang geschwänzte Species aus den Hochlanden von Peru, welche durch eine geschlossene hohe Temperatur leicht vernichtet werden kann. Es ist eine der schönsten von allen Cypripedien und gedeiht gut in kühler Temperatur. Blätter 30—35 Cm. lang, prächtig grün; Schaft 30—60 Cm. hoch, 2—3 grosse gelbe und rosapurpurne Blumen tragend, deren Petalen sich allmählich verlängern nachdem die Knospen sich entfaltet haben und die schliesslich eine Länge von 50—75 Cm. erreichen. Die Pflanze wächst kräftig in der oben erwähnten Mischung, nur sollte die Oberfläche des Topfes noch mit Sumpfmoos bedeckt werden in welcher die Pflanzen reichlich Wurzel machen.

a. *C. caudatum roseum.* — Eine dunkler gefärbte Varietät die von einigen Züchtern der typischen Form vorgezogen wird.

C. Fairieanum (Assam). — Eine seltene, sehr distinkte Pflanze. Blätter 7,5—12 Cm. lang, etwas graugrün und horizontal ausgebreitet; Blumen einzeln an aufrechten 15—22 Cm. hohen Schäften; Dorsal-Sepale breit und behaart, grünlichweiss, purpurroth gestreift und genetzt; Petalen von gleicher Länge und S-förmig gekrümmt. Es ist eine der hübschesten Species, welche wir haben; sie blüht im September und es bleiben die Blumen 4—6 Wochen in Vollkommenheit.

C. hirsutissimum (Java, 1857). — Blätter grün, ungefähr 30 Cm. lang; Blumen 10—15 Cm. im Durchmesser, einzeln oder paarweise an aufrechten und behaarten Schäften. Sepalen und Petalen grün, pur-

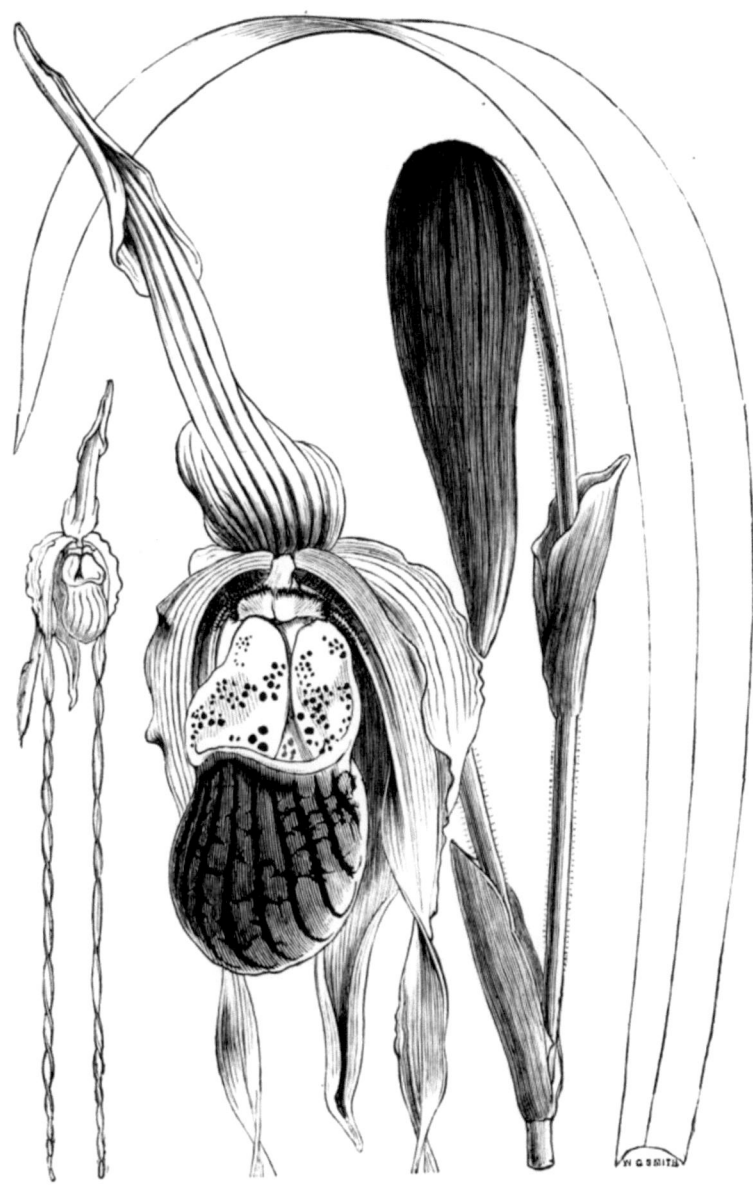

Fig. 16. *Cypripedium Dominianum.*

Fig. 17. *Cypripedium insigne.*

Fig. 18. *Cypripedium longifolium.*

Fig. 19. *Cypripedium niveum.*

Fig. 20. Cypripedium Lowii.

Fig. 21. *Cypripedium superbiens.*

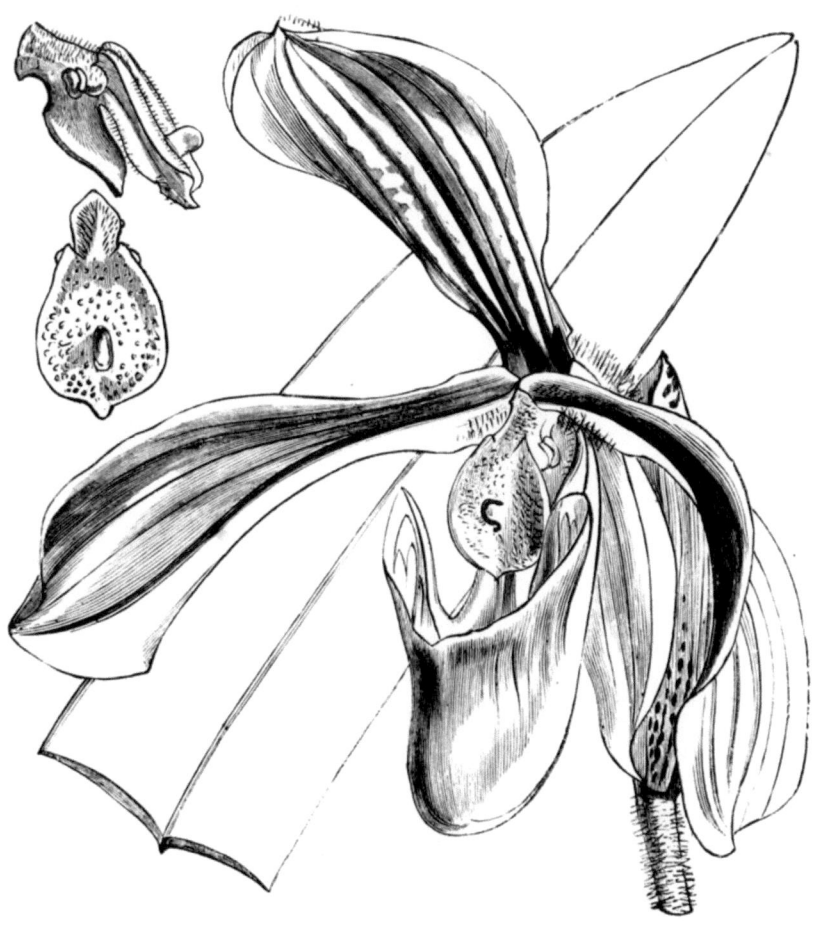

Fig. 22. *Cypripedium villosum.*

purroth schattirt und braun getüpfelt. Die Blumen erscheinen gewöhnlich im Frühling und bleiben 4—6 Wochen in Vollkommenheit. Die Pflanze ist nicht so prächtig als einige andere Glieder der Familie aber sie ist der Cultur werth.

C. insigne (Nepal, 1821). — Eine der am frühesten eingeführten, wegen ihrer reichblühenden Eigenschaft besten Species. Sie ist in Beziehung auf Temperatur nicht gerade anspruchsvoll, denn sie gedeiht in einem Kasten wo die Temperatur über Null gehalten wird, sowie sie auch die Temperatur des ostindischen Hauses ohne Schaden erträgt. Blätter 30 Cm. oder mehr lang, glänzend grün; Blumen einzeln auf

Fig. 23. *Cypripedium niveum.*

chocoladefärbigen, 30 Cm. hohen Stielen; Dorsal-Sepale breit, an der Spitze weiss, grün gegen die Basis zu, reich braun getupft. Eine längst bekannte glänzende, im Winter blühende Pflanze. Ihre wachsartigen Blumen bleiben 6—8 Wochen schön.

a. *C. insigne Maulei.* — Eine schöne Varietät von der vorigen, von welcher sie durch grössere, und glänzender gefärbte Blumen und weisserer Dorsal-Sepale differirt.

C. Lowii (Borneo, 1847). — Obgleich die so stark wachsende Species in den dichten Dschungeln* auf Borneo und Sarawak epiphy-

* Weite, mit Bambusrohr und Bäumen etc. bedeckte Flächen. (Anm. d. Uebers.)

tisch auf hohen Bäumen vorkommt, so gedeiht sie doch merkwürdig gut unter kühler Behandlung. Blätter 30—40 Cm. lang, dunkelgrün; Schäfte 60—120 Cm. hoch, zwei- bis fünfblumig; Blumen gelblichgrün und purpurbraun getupft; letztere erscheinen im April, Mai und bleiben 6—14 Wochen vollkommen.

C. Schlimmii. — Eine sehr hübsche und distinkte kleine Species aus den unerschöpflichen Quellen von Neu-Granada, wo sie in einer Höhe von 1200—1500 Meter blüht. Blätter glänzendgrün, 30—40 Cm. lang; Blumen 6—8 an einem aufrechten Stengel, nur zwei bis drei zu gleicher Zeit entfaltet; Sepalen grünlichweiss, Petalen weiss, oft rosenfarbig getupft; Lippe abgerundet, aufgeblasen, weiss mit einem schönen rosapurpurnen Fleck vornen.

C. venustum (Nepal, 1814). — Eine gleichfalls alte buntblätterige Species. Sepalen weiss, mit grünen Linien, Petalen grün und purpurfarbig; Lippe bronçefarbig und grün genervt. Eine der härtesten Pflanzen ihrer Classe, ausgenommen *C. insigne.* Bleibt lange Zeit in der Blüthe, welche in den Wintermonaten stattfindet.

a. *C. pardinum.* — Eine kräftige Varietät mit grösseren Blumen als die von *C. venustum* und oft mit 2 oder 3 beisammen auf einem Stengel; die Blumen sind breiter und die Flecken nicht so begränzt.

*C. *villosum.* — Eine schöne Species von Moulmein oder den Tonghoo-Mountains. Blätter grün, hinten gegen die Basis zu purpurfarbig getupft; Blumen 10—12 Cm. im Durchmesser, prächtig braun und glänzend als ob sie gefirnisst wären. Die Pflanze blüht merkwürdig reich im Frühling und es bleiben die Blumen 5—6 Wochen in Vollkommenheit. Wenn gut cultivirt, gibt es eine gute Ausstellungspflanze, welche 25—50 Blumen trägt.

Dendrobium, Swartz.*

Ein liebliches Genus von epiphyten und terrestrialen (Luft- und Erd-) Orchideen; sie sind leicht zu ziehen und es sind einige davon reich blühend. *D. nobile* ist eine der besten im Winter blühenden Pflanzen welche wir haben, und es ist bemerkenswerth, dass die meisten von den reichblühenden Species eine mässig kühle Temperatur vertragen. Die Dendrobien verlangen gleich allen andern Pflanzen, ob Orchideen oder nicht, eine äussere Anregung um einen kräftigen und üppigen Wuchs zu machen, und wenn ihre Stämme oder Scheinknollen die volle

---

* Von Dendron ein Baum, und Bios leben; auf dem Baum leben.

Grösse erreicht haben, so sollen sie allmählich in einer luftigen Atmosphäre der Sonne ausgesetzt werden. Durch diese Behandlung reift ihr Wuchs und sie blühen dann reich. Die meisten Dendrobien sind aus äquatorialen Regionen und verlangen die Wärme des ostindischen Hauses; aber alle diese in meiner Liste erwähnten Species können in dem warmen Ende des kühlen Orchideenhauses in Gemeinschaft mit Cypripedien, Trichopilien, Cattleyen und Miltonien gezogen werden, und blühen auch da. *Dendrobium nobile* sollte dem Dutzend nach an allen Plätzen gezogen werden, wo man auserlesene Blumen während des Winters verlangt.

D. chrysanthum (Nepal, 1828). Diese alte Species ist in Nepal einheimisch und blüht reich auf ihren weissen Scheinknollen, welche oft mit frischem grünem Blattwerk bekleidet sind, wenn die Blumen erscheinen. Diese entwickeln sich an jeder Seite der hängenden Stämme in Bündeln von 3—7; sie sind beinahe rund, von dicker wachsartiger Consistenz und es hat die Lippe zwei reich carmoisinrothe Flecken im Centrum. Die Blumen erscheinen gewöhnlich um die Zeit vom Juli bis September und dauern 2—3 Wochen. Es ist eine kräftige Species, welche in mässiger Temperatur gut gedeiht.

D. heterocarpum (Ceylon, 1837). — Eine wohlriechende im Winter blühende Pflanze mit blassgelben Blumen, welche eine bräunlich behaarte Lippe haben. Stämme 30—45 Cm. hoch und fingerdick. Die Pflanze wächst im temperirten Haus sehr üppig; sie ist alt, man begegnet ihr aber nicht so oft als es sein sollte, wenn man ihre leichte Cultur und die enorme Menge köstlicher Blumen in Betracht zieht. Die Blumen bleiben lange schön und sind stets Lieblinge bei den Damen. Die Species ist identisch mit *D. aureum*, Lindley.

D. moniliforme (China und Japan, 1824). — Nach unsern besten Autoritäten ist der eigentliche Name von dieser Pflanze *D. Linawianum*; aber da sie den Gärtnern unter dem obigen Namen bekannt ist, so ist es am besten ihn hier beizubehalten. Knollen 30—60 Cm. hoch, glatt, Internodien (Zwischenkoten) zusammengezogen. Die Blumen kommen auf dieselbe Weise wie bei *D. nobile* hervor, sind aber ein wenig kleiner und rosiger gefärbt. Es ist eine der besten im Winter blühenden Species und passt gut zu *D. nobile*. Die Blumen erscheinen im Dezember und halten 2—3 Wochen.

a. D. moniliforme majus. — Eine kräftig wachsende Varietät mit grossen und tiefgefärbten Blumen.

D. nobile (Macao, 1836). — Die beste im Winter blühende Orchidee, welche wir haben und wenn in Massen gezogen, kann man sie 7—8 Monate im Jahre in der Blüthe haben, d. h. wenn man einige im Wachsthum beschleunigt und andere durch eine kühlere Temperatur zurückhält. Die Blumen selbst sind unschätzbar zur Mischung mit Farnkräutern und andern exotischen Pflanzen bei Bildung von Bouquets und Tafeldecorationen. Blumen 2 oder 3 beisammen auf den Stämmen, jede Blume 5 Cm. im Durchmesser, weiss, lila schattirt, purpurfarbig getüpfelt; Lippe gleichfalls purpurfarbig getüpfelt und mit einem tief rothen Fleck am Diskus.

    a. *D. nobile pendulum*.
    b. *D. nobile Wallichianum* (1840). Zwei am besten ausgeprägte Varietäten von „nobile", aber die Distinctionen sind nur gering.

**D. speciosum* (Neu-Süd-Wales, 1824). — Eine sehr gross werdende Pflanze von der ich, obgleich sie Manchen als schwierig blühend gilt, doch gefunden habe, dass, wenn sie richtig behandelt wird, gut blüht. Ihre Knollen sind gross, 36—40 Cm. lang, so dick wie ein Faustgelenk mit 3—4 dicken lederartigen dunkelgrünen Blättern an ihren Spitzen; Schäfte 30—45 Cm. lang, einer oder zwei an der Spitze der gut reifen Knollen hervorkommend; Blumen rahmweiss, ziemlich klein und von wachsartiger Consistenz; Lippe braun getupft. Die Pflanze wird in ihrer Heimat gewöhnlich „Felsenlilie" genannt; sie blüht im Winter oder Frühling und es bleiben die Blumen 3 Wochen in Vollkommenheit.

**D. Hillii*. — Eine Form von der vorigen, aber verschieden von ihr durch längere und schlankere Knollen und viel längere Blumenschäfte. Blüht sehr reich. Die Pflanze ist, wenn gut cultivirt, zu Ausstellungszwecken sehr geeignet. Beide wachsen am besten in einer Mischung von frischem faserigem Torf und trockenem torfigem Lehm, aus welchem die kleinen Theile mittelst des Siebes entfernt wurden. Zu diesem werden noch grober Sand und einige trockene Pferdeäpfel oder getrocknete Kuhfladen hinzugefügt, was beides gut ist, obleich das erstere vorzuziehen ist. Der Topf muss gut drainirt sein und die Pflanze während des Wachsthums viel Wasser bekommen. Sehr gut ist es, wenn man sie der Sonne aussetzt, nur muss in diesem Falle reichlich Luft zugelassen werden.

**D. transparens* (Nepal, 1849). — Diese hübsche kleine Species stammt von den kühlen Hügeln in Nord-Indien und wächst dort-als Epiphyte auf Bäumen von 1500—1800 Meter. Bezüglich des Habitus und der Blumen sieht sie einer zwergig wachsenden *D. nobile* ähnlich. Scheinknollen schlank, 60 Cm. hoch; Blumen halb durchsichtig, 2,5—3,7 Cm. im Durchmesser, weiss, blassroth schattirt; Lippe mit einem purpurnen Fleck in der Mitte. Die Blumen erscheinen im April oder Mai und halten gut. Die Pflanze wächst üppig, wenn sie wie *D. nobile* behandelt wird und verträgt eine kühle Temperatur ohne Schaden zu leiden.

Die vorstehenden Species liefern reichlich Blumen und es sollten von jeder mehrere gezogen werden, wenn es der Raum erlaubt. Es könnten dieser Liste noch mehr Species beigefügt werden, aber da sie nicht reich blühen, so wurden sie weggelassen.

Disa, Lin.

Ein vom Cap der guten Hoffnung stammendes Genus von Kalthaus-Orchideen. Sie sind ziemlich zahlreich, einige prächtig, aber viele sind kaum der Cultur werth. Die blaue *D. Henshallii* und noch eine oder zwei andere Species wurden neulich importirt und bei Stevens verkauft. *Disa grandiflora* ist eine der besten und *Disa macrantha* ist eine ausgezeichnete Species, sehr veränderlich in ihrer Farbe; einige Varietäten sind nahezu reinweiss, während andere tiefrosa und hochroth gefleckt sind; diese letztere ist in unsern Culturen noch nicht eingeführt. Der verstorbene Dr. W. Harvey fand wie schon erwähnt, *Disa grandiflora* üppig am Tafelberg* hart am Rand eines Stromes, welcher stets Wasser enthält, das aber im Winter die Ufer überflutet. Als die Pflanze blühte, war sie von Pflanzen aller Art so beschattet, dass nur die Blumen sichtbar, d. h. der Sonne ausgesetzt waren. Ihre Wurzeln fanden dort eine gleichmässige Kühle in den lockern schwammigen Ufern, während der Baldachin, den die nebenan wachsenden Pflanzen über sie bildeten, das Blattwerk vor Versengung schützten.

Man pflanzt die Disen in rohen faserigen Torf und groben Flusssand und gut drainirte Schalen und versieht sie, besonders an den Wurzeln, reich mit Feuchtigkeit; auch die Luft des Hauses oder Kastens, wo sie stehen, muss feucht sein. Hauptsache ist auch eine stets schattige Stellung.

Disa grandiflora (1825). — Blattwerk dunkelgrün, glänzend, 60—90 Cm. hoch, zwei- bis fünfblumig. Blumen lichtrosa, scharlachroth und goldig. Wenn gut gezogen, ist diese eine der hübschesten Orchideen; sie sollte in jeder kühlen Orchideensammlung zu finden sein.

---

* Cap der guten Hoffnung.

Wärme und trockene Luft sind ihrem Wuchs und ihrer Schönheit nachtheilig. Die Blumen erscheinen im Juli und August und halten lange.

a. *D. grandiflora superba* ist eine feiner gefärbte Varietät.

D. macrantha. — Blattwerk dunkelgrün, Blüthenstämme aufrecht, 60—90 Cm. hoch; Blumen 6—10 Cm. im Durchmesser. In der Farbe variiren die Blumen von verschiedenen Varietäten von Reinweiss bis zu tief Rosa, gefleckt oder getupft mit Carmoisinroth.

Epidendrum, Lin.*

Ein sehr grosses Geschlecht südamerikanischer Epiphyten, wovon die meisten schmutzigweise oder gelbe Blumen tragen; doch sind einige Species sehr hübsch und die meisten davon sind wohlriechend. Sie sind leicht zu ziehen.

*E. atropurpureum (Mexico, 1836). — Reichblühende, prächtige Species. Ihre rundlichen oder conischen Scheinknollen sind zweiblätterig; die Blätter 15—30 Cm. lang, und sehr lederartig; Sepalen und Petalen dunkelrosa oder purpurn, die Spitzen grünlich und gekrümmt. Die Lippe rosagefärbt mit einem purpurrothen Fleck in der Mitte. Sie gedeiht gut entweder in flacher Schale oder auf einem Block mit lebendem Sumpfmoos nahe dem Licht aufgehängt. Die Blumen erscheinen im Mai und Juni und halten 3 Monate. Die Pflanze ist auch unter dem Namen *E. macrochilum* bekannt.

*a. *E. atropurpureum album* ist eine heller gefärbte Varietät.

b. *E. atropurpureum roseum*, hat eine tief rosig-purpurne Lippe.

**E. aurantiacum.* — Einheimisch in Mexico und Guatemala, wo sie in ausgesetzten Stellen auf Felsen wächst. Sie ähnelt im Habitus der *Cattleya Skinneri*. Die Blumen kommen an der Spitze der Knollen zum Vorschein, fünf bis zehn in einem Bündel auf einer kurzen Ähre, sind orangescharlach und sehr schön. Blüht im April und Mai und es bleiben ihre Blumen 1 Monat bis 6 Wochen lang schön. Es gibt 2 Varietäten davon in der Cultur.

E. Frederici Gulielmi. — Eine seltene und sehr schöne peruvianische Species, welche durch den energischen Herrn Linden eingeführt wurde. Stämme aufrecht, beblättert; Blätter 15—20 Cm. lang, 2,5 bis 5 Cm. breit, dunkelgrün; Rispen endständig, Sepalen und Petalen ungefähr 2,5 Cm. lang, lanzettförmig, tief carminroth; Lippe dreilappig,

---

* Von Epi, auf, und Dendron, ein Baum; wegen ihres meist epiphyten Charakters.

hochroth, die Spitze der Columna und des Diskus reinweiss. Es ist eine reichblühende Species, und wenn gut gezogen, sehr effektvoll.

E. myrianthum. — Eine reichblühende Orchidee, sehr distinkt im Habitus, in Guatemala einheimisch, wo sie in einer bedeutenden Höhe gefunden wurde. Stämme 90—120 Cm. hoch, sehr dick; Blattwerk zweizeilig, länglich linear oder lanzettförmig; Blumen klein, prächtig rosalila, in dichten Rispen an den Spitzen der Stengel.

* *E. nemorale* (Mexico, 1840). — Eine schöne, jedoch seltene Orchidee, welche oft irrthümlich *E. verrucosum* genannt und auch unter diesem Namen abgebildet wurde. Scheinknollen 7,5—12,5 Cm. hoch, zweiblättrig; Blumen reichlich in grossen hängenden Rispen; einzelne Blumen 7,5 Cm. im Durchmesser; Sepalen und Petalen lanzettförmig, malvenfärbig oder rosalila, Lippe violett gestreift. Die Blumen erscheinen im Juli und dauern 4 Wochen.

* *E. prismatocarpum* (Central-America). — Scheinknollen an Gestalt denen von *E. cochleatum* etwas ähnlich, prächtig glänzendgrün, zweiblättrig; Ähren endständig aufrecht, mit 10—20 rahmweissen, dunkelpurpur getupften Blumen; Lippe weiss, blassrosa tingirt, mit einem dreieckigen hochrothen Fleck in der Mitte. Blüht Juni bis Juli und es bleiben die Blumen 4—6 Wochen schön.

E. vitellinum. — Diese prächtige Species ist eine der besten des ganzen Geschlechts und trägt eine Menge prächtig orangescharlachrother Blumen. Einige Varietäten davon tragen 5 Cm. im Durchmesser haltende Blumen und zwar 10—15 an einem aufrechten Stengel. Das Blattwerk ist graugrün, gleich demjenigen von *Cattleya citrina*. Die Pflanze wächst reich in Torf und Sumpfmoos in einer flachen Schüssel und im kalten Hause nahe dem Glas aufgehängt. Wenn gut gezogen, gibt es eine prächtige compacte Ausstellungspflanze. Gute Exemplare produciren 20—30 Ähren von glühend scharlachrothen Blumen, welche 4—6 Wochen dauern.

a. *E. vitellinum majus* ist eine der distinktesten und besten Varietäten. Ich habe Exemplare gesehen, welche 25 schöne Ähren trugen.

Eriopsis, Hooker. *

Ein kleines Genus südamericanischer fast terrestrialer Orchideen, welchen man in den Sammlungen nicht oft begegnet. In ihrer Heimat werden sie an Stromrändern gefunden, wo ihre Wurzeln oft ins Wasser

---

* Von Erion, die Wolle und opsis, ähnlich sein.

eindringen; sie verlangen eine mässige Temperatur und viel Wasser während ihres Wachsthums; am besten wachsen sie in frischem Torf und lebendem Sumpfmoos.

E. biloba. — Diese Pflanze ist im Habitus sehr distinkt. Scheinknollen 12,5—17 Cm. oder mehr lang, conisch, dunkelbraun, gleich Chagrinleder gerunzelt, mit 2—3 breit lanzettförmigen Blättern an den Spitzen. Blumenähre 30—45 Cm. lang, gebogen oder hängend; Blumen ca. 2,5 Cm. im Durchmesser, Sepalen und Petalen länglich, dunkelgelb, lebhaft braun schattirt an den Rändern; Lippe dreilappig, gelb, braun gesprenkelt, der Mittellappen weiss, braun gefleckt. Die Pflanze ist nicht prächtig aber distinkt, gedeiht gut und bleibt eine beträchtliche Zeit in der Blüthe. Sie ist in den Gärten unter dem Namen *E. rutibulbon* bekannt.

Goodyera, Brown.

Ein Genus von nur wenigen Species, welche in nördlichen oder hohen Lagen gefunden werden. Es werden verschiedene davon in den Gärten gezogen, aber *G. discolor* ist die beste. Eine Species, *G. repens*, wurde in Schottland gefunden.

G. discolor. — Einheimisch in China und in den Gärten oft zu finden. Wenn gut gezogen ist es eine sehr hübsche Pflanze. Blätter 5 Cm. lang, 2,5 Cm. breit, reich dunkelsammtig grün, mit unterbrochenen, der Länge nach gehenden, mehr oder weniger ausgeprägten weissen Streifen. Blüthezeit im Winter mit zahlreichen Ähren rein weisser Blumen, welche an der Lippe, die curios gedreht ist, einen limoniengelben Fleck haben. Die Pflanze wächst kräftig in Torf und Sumpfmoos, verlangt kühle Temperatur und viel Feuchtigkeit. Ist auch unter dem Namen *Haemaria discolor* bekannt.

G. macrantha. — Eine japanische Species mit dunkelgrünen Blättern und langen geröhrten Blumen, welche weiss und gegen die Basis rosa schattirt sind.

a. *G. macrantha foliis luteo marginatis.* — Eine sehr hübsche Pflanze, deren allzu langen Namen man wegen ihrer Schönheit übersehen kann. Die Blätter sind oval, dunkelsammtig grün, leicht grün genetzt und gelb berandet. Wenn gut gezogen in lebendem Torf und Sumpfmoos, ist sie ausserordentlich hübsch und erinnert an die besten gelbbunten *Hedera*.

G. velutina. — Eine hübsche sammtigblättrige Species, im Habitus *G. discolor* ähnlich, nur die Blätter schmäler und zahlreicher, sie sind eben so dunkel-sammtgrün, haben aber einen wohlausgeprägten silberfarbigen Strich in der Mitte. Blumen weiss, rosa oder salmrosa schattirt, ziemlich kleiner als die von *G. discolor*.

Helcia. *

H. sanguinolenta (Ecuador, 1843). — Diese alte Pflanze ist selten in unseren Sammlungen zu finden. Sie ist mit den Trichopilien nahe verwandt, unterscheidet sich aber von diesen durch die platte Lippe; Scheinknollen oval, 5 Cm. hoch, einblättrig; Blätter lederartig, länglich, 10—17,5 Cm. lang, Blumen 5 Cm. im Durchmesser, einzelnstehend auf schlanken, 10—12,5 Cm. langen Stielen; Sepalen und Petalen blassgelb, mit unregelmässigen braunen Flecken oder vielmehr Ringen; Lippe weiss, am Diskus purpurroth gefleckt. Clinandrium ** fransig wie bei *Trichopilia*.

Laelia, Lindley.

Ein ungemein hübsches Genus von amerikanischen, Scheinknollen tragenden Epiphyten und in den Gärten wohlbekannt; sie tragen gleich ihren Verwandten, den Cattleyen, grosse glänzende Blumen. Die Pflanzen wachsen üppig in Torf, Sumpfmoos und Scherben in mässiger Temperatur, und es sind viele davon desshalb doppelt werthvoll, weil sie im Winter blühen. Die grössern Species, wie *L. purpurata* und *superbiens*, gedeihen am besten in Töpfen, andere kleiner wachsende Arten, als *L. albida*, *autumnalis*, *furfuracea*, *acuminata* und die grosse „Flor de Maio" (Maiblume) der mexicanischen Spanier, gedeihen am besten auf Blöcken. *L. Jongheana* ist eine kleine, aber sehr schöne Species. Im Habitus kommt sie *Cattleya (bulbosa) Walkeriana* nahe. Die meisten Laelien sind zur Zimmerdecoration brauchbar.

L. acuminata (Guatemala, 1840). — Scheinknollen ziemlich rundlich und flach mit einem dicken länglichen Blatt. Blumen 5—6 an einem 30—45 Cm. langen Schaft; Sepalen und Petalen rein weiss; Lippe (Labellum) weiss, mit einem purpurnen Fleck am Diskus; einzelne Blumen 2,5—5 Cm. im Durchmesser. Die Pflanze wird von den Eingebornen in Guatemala wegen ihrer Reinheit „Jesusblume" genannt. Sie blüht reich im Januar oder Februar und es bleiben die Blumen 2—3 Wochen in Vollkommenheit.

---

* Von Helcium, ein Pferde-Kummet, wegen der curiosen Form der Blumen.

** Clinandrium (Antherengrube) ist eine Vertiefung über oder hinter der Narbe an der Griffelsäule, in welcher der Staubbeutel liegt.   Anm. d. Uebers.

a. *L. acuminata violacea.* — Eine hübsche Abart von der vorstehenden mit köstlich violetten Blumen.

L. albida (Guatemala, 1838). — Eine reichblühende Species, im Habitus der schönen *L. autumnalis* ähnlich. Sie wächst gut an Klötzen von „virginischem Kork" oder Akazien. Die Blumen erscheinen auf einem schlanken 30—60 Cm. langen Schaft; einzelne Blumen 3,5—5 Cm. im Durchmesser, bei der Entfaltung grünlich, später reinweiss; Lippe weiss, mit einem citronengelben Strich am Diskus. Die Blumen erscheinen im Dezember und Januar und halten 4—5 Wochen; sie sind gleich denen der Vorhergehenden für Bouquets brauchbar, da sie sich lange Zeit frisch erhalten.

L. anceps (Mexico, 1834). — Scheinknollen 10—15 Cm. lang, eckig, einblätterig; Blätter länglich, dunkelgrün; Blumenschaft 60—120 Cm. lang, 4—5blumig. Blumen 5—10 Cm. im Durchmesser, rosalila, mit einer sammtig hochrothen Lippe, welche einen goldigen, dreilappigen Kamm längs ihres Centrums hat. Blumen wohlriechend, bleiben 4—6 Wochen in Vollkommenheit. Starke Pflanzen produciren im Dezember reichlich Blumen.

a. *L. anceps Barkeriana* ist eine reicher gefärbte Varietät, aber selten zu finden.

b. *L. anceps Dawsoni.* — Eine wirklich schöne Varietät des Normaltypus, von welchen sie durch die reinweissen Sepalen und Petalen und die reinweisse Lippe, mit einem prächtigen purpurnen Fleck an ihrer Spitze, differirt. Eine seltene und reizende Pflanze.

L. autumnalis (Mexico, 1836). — Im Habitus einigermassen *L. anceps* ähnlich, aber die Scheinknollen sind zweiblätterig und nicht so eckig und die Blätter sind schmäler. Schäfte 30—60 Cm. lang, mit 2—5 prächtigen hellrosalilafarbigen Blumen mit reich purpurner Lippe. Es ist eine der besten im November oder Dezember blühenden Orchideen, die ungemein köstlich riecht und deren Blumen 3 Wochen schön bleiben. Die Pflanze gedeiht am besten an Klötzen mit lebendem Sumpfmoos und verlangt reichlich Feuchtigkeit in der Wachsthumsperiode. Ich habe diese Pflanze in einem Weinhause gesehen, wo sie, ausgenommen den leichten Schatten, welcher ihr durch die Reben zu Theil wurde, der vollen Sonne ausgesetzt war. Eine auf einem Blocke wachsende Pflanze war merkwürdig, ich habe 23 Blumenschäfte gezählt, wovon einige so dick wie eine starke Gänsekielfeder waren.

L. cinnabarina (Brasilien, 1836). — Eine sehr brillant blühende

Species. Scheinknollen dick, an der Basis abgerundet und in eine Spitze auslaufend; Blätter 10—15 Cm. lang, zurückgebogen; Schaft aufrecht, 30—45 Cm. hoch, mit 3—5 orangescharlachrothen Blumen mit krauser Lippe: die prächtig orangescharlachroth gefärbten Blumen beleben das Haus in welchem die Pflanze blüht, was sie gewöhnlich etwa im März sehr reich thut. Die Blumen bleiben 6 Wochen schön. Sie ist leicht zu ziehen und soll in jeder Sammlung vorhanden sein.

*L. elegans. — Eine distinkte Species mit 30—60 Cm. langen zweiblätterigen Scheinknollen; Blumen 7,5 Cm. im Durchmesser auf starkem aufrechtem Schaft; Sepalen und Petalen weiss, köstlich rosa-lila schattirt; Lippe brillant carmoisinpurpuroth. Eine sehr stark wachsende reichblühende Species, die in den Gärten zuweilen *Cattleya elegans* genannt wird.

*a. L. elegans Turnerii. Sehr reich gefärbte Abart von L. elegans.

L. flava (Mexico). — Im Habitus L. cinnabarina ähnlich, aber etwas kleiner, die Blätter kürzer und aufrechter, Schäfte 30—45 Cm. hoch mit 3—5 Blumen, einzelne 5 Cm. im Durchmesser und vom brillantesten Goldgelb das man sich denken kann. Die Pflanze blüht im April und bleibt einen vollen Monat schön.

L. furfuracea (Mexico, 1838). — Im Habitus L. autumnalis einigermassen ähnlich; aber ihre Knollen sind gewöhnlich einblätterig. Der Schaft trägt selten mehr als 2 Blumen, welche 7,5—10 Cm. im Durchmesser haben. Diese Species ist von L. autumnalis durch ihre viel breiteren Petalen leicht zu unterscheiden. Die ganze Blume von glühend rosapurpurner oder prächtiger lila Farbe mit einer dunkleren Lippe. Die Pflanze blüht im Winter und bleibt 3—4 Wochen schön; sie blüht reich und ist eine der reizendsten Orchideen, und wenn gut gezogen über L. autumnalis weit hervorragend. Soll auf einem Klotz gezogen und nahe dem Glas aufgehängt werden. Alle im Herbst blühenden Laelien sind prächtiger gefärbt und die Blumen halten besser aus, weil sie mehr Sonne haben als in den dunklen Wintermonaten.

*L. Jongheana (Brasilien). — Ein glänzender und verhältnissmässig neuer Zuwachs zu diesem bereits reichen Genus. Ihre Scheinkollen ähneln stark denen von *Cattleya bulbosa*, haben aber nur eine silberige Scheide und ein Gelenk an der Basis. *C. bulbosa* hat zwei wohlentwickelte Scheiden und ist in der Mitte gegliedert. Blumenstengel ein- bis zweiblätterig; Blumen 10—12,5 Cm. im Durchmesser; Sepalen lanzettförmig, 5—6 Cm. lang, von schöner glänzender amethyst-purpurner

Farbe; Petalen oval oder länglich, nahezu 5 Cm. breit, mit wellenförmigen Rändern von der gleichen Farbe wie die Sepalen; Lippe mit blasspurpurnen Laterallappen, gelblich aussen, goldgelb innen mit sieben Lamellen (Plättchen) über dem Diskus: der Centrallappen ist rein weiss und hat einen glänzend amethyst-purpurnen Rand. Die Farben von dieser prachtvollen Species contrastiren sehr lebhaft mit der jeder anderen und bilden zusammen ein Ensemble, das selten übertroffen wird.

L. Lindleyana. — Sehr distinkte Pflanze sowohl im Habitus als in der Blume. Scheinknollen aufrecht, schlank, ca. 15—22 Cm. hoch, mit zwei dicken aber schmalen, graugrünen 12,5—17,5 Cm. langen Blättern; Blüthenstiele ein- oder zweiblumig; Sepalen und Petalen 5 Cm. lang, lanzettförmig, weiss oder blassrosa; Lippe rosalila, blass rahmgelb, am Diskus blasspurpurn gefleckt und gestricht.

L. majalis (Oaxaca, 1838). — Diese ist die Maiblume „Flor de Maio" der mexicanischen Spanier und eine der schönsten Species im Genus, obgleich sie leider nicht so reich blüht als die übrigen Species. Die Pflanze ist von zwergigem Habitus mit Scheinknollen, so gross oder grösser als Taubeneier; Blumen 10—12,5 Cm. im Durchmesser, glänzend silbriglila, Lippe carmoisinpurpur gefleckt und mit rosalila gerändert; Centrum weiss. Sollte in einem jeden kühlen Haus gezogen, das ganze Jahr der vollen Sonne ausgesetzt und nahe dem Glas aufgehängt werden. Gedeiht am besten auf einem Klotz in luftiger Lage.

**L. Perrini* (Brasilien). — Eine wohlbekannte Species, leicht erkennbar, selbst wenn sie nicht in der Blüthe ist, durch die purpurn gefärbten, keulenförmigen, ausgeprägt gefurchten Scheinknollen; Blätter schmal, 22,5—34 Cm. lang; Sepalen und Petalen rosapurpurn; Lippe tiefcarmoisinpurpur; Blumen sehr reichlich etwa im Oktober oder November; bleiben 14 Tage in Vollkommenheit.

L. praestans. — Eine schöne zwergige Species, welche, gleich wie *L. bulbosa,* zweimal im Jahre blüht. Sepalen und Petalen rosalila; Lippe carmoisinpurpurn, Blumen einzeln, sehr selten zwei beisammen. Es ist eine sehr anziehende Pflanze, die etwa im April oder Mai blüht und deren Blumen eine beträchtliche Zeit lang halten. Die Sepalen und Petalen liegen sehr flach und geben der Blume ein distinktes Aussehen. Die Pflanze wächst gut auf einem flachen Klotz mit lebendem Sumpfmoos und verlangt während der Wachsthumsperiode eine reichliche Menge Wasser.

L. crispilabia. — Diese sehr reichblühende Pflanze, welche auch unter dem Namen *L. Lawrenceana* geht, hätte ich beinahe zu erwähnen vergessen. Sie nähert sich im Habitus *L. cinnabarina* und *L. flava*, hat aber rosapurpurfarbige Blumen, mit einer schön gekrausten oder wellenförmigen Lippe; Blumen 3—5 auf einem 30—40 Cm. langen Schaft, die sich lange Zeit schön erhalten.

**L. pumila*. — Eine andere zwergig wachsende Pflanze, welche auch als *Cattleya Pinelli* bekannt ist. Sie trägt einzelne rosapurpurne Blumen und eine reich gefärbte carmoisinpurpurrothe Lippe; wächst gut auf einem Klotz oder in einer flachen Schale nahe dem Glas aufgehängt.

L. pumila marginata ist identisch mit *Cattleya marginata*.

**L. purpurata* (Brasilien). — Eine der nobelsten von allen Orchideen und besonders zu Ausstellungszwecken geeignet. Gute Pflanzen tragen 20—30 prächtige Blumen von 15—20 Cm. im Durchmesser; Sepalen und Petalen rosalila; Lippe carmoisinpurpurn genervt, mit einem delikat bemalten gelben Schlund. Sie ist zwar häufig zu finden und daher billig, aber nichtsdestoweniger schön. Der Preis von den Orchideen ist nämlich kein Anhaltspunkt, um ihre Schönheit oder den wirklichen Werth für den Züchter zu bemessen, obwohl er auf der andern Seite ein richtiger Führer in Betreff ihrer Seltenheit ist. *Laelia purpurata* gedeiht am besten in einem Topf in grobem faserigem Torf, frischem Sumpfmoos, Scherben und Holzkohlenstücken. Der Topf soll der Drainage wegen halb voll mit Scherben sein und die Pflanze, wenn sie im Wachsthum ist, reich bewässert werden.

L. superbiens. — Eine sehr gross werdende Pflanze, welche selten mehr als eine oder zwei Ähren jährlich hervorbringt; sie ist jedoch reizend und leicht zu ziehen. Scheinknollen spindelförmig mit zwei lederartigen Blättern; Blumenstengel 1,5—3 Cm. lang, Blumen von 5—20 in Büscheln nahe der Spitze, 12,5—15 Cm. im Durchmesser, tief rosapurpurn und carmoisinroth genervt; Lippe gelb mit Carmoisinpurpur lieblich bemalt; die Blumenstengel brauchen lange Zeit bis sie zur Reife gelangen. Die Pflanze ist doppelt werthvoll, weil ihre Blüthezeit in den düstersten Theil des Jahres — Dezember, Januar — fällt. Die Blumen bleiben 3—4 Wochen vollkommen schön. Wenn nicht in der Blüthe, kann sie von *Schomburgkia* nicht unterschieden werden.

**L. xanthina* (Brasilien). — Eine leicht zu ziehende Varietät; Scheinknollen keulenförmig, 22,5—30 Cm. hoch, ein- oder zweiblättrig; Blüthenstiele aufrecht, 5—7 blumig; Blumen 5—7,5 Cm. im Durchmesser, rein goldgelb; Lippe weisslich mit orangegelben Streifen am Diskus. Merkwürdig unter den Laelien wegen ihrer gelben Blumen. Blüht im Sommer. Die Blumen halten 4 Wochen. Sie wird auch zuweilen *Cattleya xanthina* genannt, ist aber eine wahre *Laelia*.

Leptotes, Lindley *.

*L. bicolor (Brasilien, 1831). — Eine hübsche kleine Pflanze mit dicken fleischigen, binsenähnlichen, oben rinnigen Blättern; sie sind zuweilen graugrün und gewöhnlich hängend. Es ist eine Pflanze von sehr üppigem Wuchs und gedeiht gut auf einem Block oder in einer Schüssel nahe dem Licht aufgehängt. Blumen zahlreich, weiss; Sepalen und Petalen linienförmig und gekrümmt; Lippe dreilappig, Lateral-Lappen gesägt, Central-Lappe rautenförmig und rosalila gefleckt. Die Blumen erscheinen im Winter und halten 4 Wochen.

Lycaste, Lindley.

Ein wohlbekanntes Geschlecht terrestrialer Orchideen aus dem südamerikanischen Festlande, wovon viele sehr schön und alle von der leichtesten Cultur sind. *L. Skinneri* ist eine der schönsten sowohl als eine der veränderlichsten Orchideen. Das Genus *Lycaste* ist mit *Maxillaria* sehr nahe verwandt.

L. aromatica (Neu-Granada). — Eine sehr reichblühende Species, welche im Winter und Frühling zahlreiche gelbe Blumen hervorbringt. Lippe sehr behaart. Sie ist gemein und von der leichtesten Cultur. Die Blumen halten 4—5 Wochen.

L. cruenta (Guatemala). — Gleichfalls eine reichblühende Species. Sepalen grünlichgelb; Petalen tieforange; Lippe tief orange und carmoisinroth gefleckt. Wächst gut in einem Weinhause oder auch im Kalthaus und kann sehr wohl gezogen werden wegen ihrer reich erscheinenden gelben Blumen, welche einen Monat halten, selbst wenn die Pflanze in den Salon gebracht wird.

L. Deppei (Guatemala). — Eine distinkte Species, wenn gleich nicht besonders schön. Die Pflanze trägt zahlreiche, blassgrünlichgelbe, braun gefleckte Blumen; Lippe weiss, carmoisinroth gefleckt und mit einem goldigen Kamm versehen; blüht sehr reich und hält lange.

L. gigantea (Central-Amerika). — Eine hochwachsende Species mit grossen grünen Blumen mit purpurner Lippe; Sepalen und Petalen

---

* Von Leptos, dünn, schlank.

7,5—10 Cm. lang, grün, braun schattirt; Lippe tief purpurfarbig, gesägt und reich orange gerändert; Columna weiss. Eine distinkte, reichblühende, aber nicht besonders glänzende Species; bleibt 1 Monat bis 6 Wochen in der Blüthe.

L. Harrisoni (Brasilien, 1838). — Scheinknollen olivengrün, schräg gerunzelt und eckig, mit einem dunkelgrünen, breit lanzettförmigen, am Rand wellenförmigen Blatt; Blumen gross, von wachsiger Consistenz, eine bis drei auf einem starken Schaft; Sepalen und Petalen concav, weiss oder rahmgelb; Lippe rosapurpurn und sehr behaart. Blüht nahezu das ganze Jahr. Die Blumen halten lange Zeit. Die Pflanze kann während der Blüthe ohne Anstand in einem Zimmer stehen wo die Temperatur über dem Gefrierpunkt gehalten wird.

**L. lanipes* (Südamerika). — Scheinknollen gross; ein- bis dreiblättrig. Blätter lanzettförmig, 30—45 Cm. lang; die Blumen entstehen an der Basis der reifen Scheinknollen einzeln auf 15—22,5 Cm. hohen Schäften; Sepalen und Petalen rahmweiss; Lippe weiss, längs der Ränder gewimpert oder gefranst. Blüht im Oktober. Man begegnet ihr in den Sammlungen oft unter dem Namen *Lycaste Barringtonia*.

L. Skinneri (Guatemala, 1842). — Eine der reichblühendsten Orchideen, die wir haben, und sehr leicht zu cultiviren. Sie spielt in zahlreichen distinkten und schönen Varietäten und variirt vom reinsten Weiss bis zum tiefsten Rosa und Carmoisinroth; obgleich sie eine im Winter blühende Varietät ist, so blühen einige Abarten davon doch während des Sommers. Blumen 10—15 Cm. im Durchmesser, einzeln auf 15—22,5 Cm. hohen Schäften; Sepalen und Petalen weiss, mehr oder weniger mit Rosa überzogen; Lippe rosalila, oft sehr stark tief rosacarmoisinroth gefleckt. Die Pflanze blüht gewöhnlich vom November bis März und bleibt 2—4 Monate schön in der Blüthe. Sie ist unter allen Orchideen eine der besten zur Decoration von Zimmern, da sie in einer Vase 4—6 Wochen lang hält. Sogar die abgeschnittenen Blumen halten mehrere Wochen lang und sind sehr lieblich, wenn sie mit Farnkräutern und anderem Grün von exotischen Pflanzen vermischt werden. Die Blumen riechen delicat und sind zum Kopfschmuck für Damen ausgezeichnet.

Masdevallia, Ruitz et Pavon *.

Ein grosses Geschlecht von kalten Orchideen, welche aus den höheren Lagen der peruvianischen Anden stammen, wo sie an feuchten kühlen Orten üppig wachsen. Sie sind sehr leicht zu cultiviren, wachsen gut und liefern eine reiche Menge von ihren seltsamen, dreispaltigen geschwänzten Blumen fast das ganze Jahr hindurch. Sie sollten in kleine Töpfe gesetzt werden in eine Mischung von fasrigem Torf, frischem Sumpfmoos, Scherben und ein wenig faserigem Lehm, wovon das Feine ausgesiebt wurde. Sie wachsen üppig am kühlsten Ende des Hauses in Gemeinschaft mit *Disa*, *Oncidium macranthum* und *Odontoglossum*, und ihre glühend lila und glänzend orangescharlachrothen und purpurnen Blumen bilden einen angenehmen Contrast zu den rein schneeweissen und goldgelben Odontoglossen und Oncidien. Die besten von allen sind: *M. Veitchii*, *M. Lindenii*, *M. Harryana*, *M. tovarensis*, *M. coccinea* und *M. maculata*; aber einige von den besten sind in unsern Culturen erst noch einzuführen.

M. civilis. — Blätter 10—15 Cm. lang, fleischig, die Sepalen der Blumen in eine Röhre verwachsen und in drei schlanke Schwänze endigend; grün, innen braun gefleckt.

M. coccinea. — Diese schöne Species wurde vor einigen Jahren eingeführt und ist sehr hübsch; die Blumen sind von guter Substanz und nach Lindley's Worten „so roth wie ein (engl.) Soldatenrock." Die Pflanze ist im Wuchs viel kleiner als die andere Species.

M. Harryana (Neu-Granada). — Eine vor Kurzem eingeführte Pflanze von grosser Schönheit. Sie scheint von starkem Wuchs zu sein, denn importirte Blätter haben eine Länge von 30—40 Cm. Blumen ziemlich gross, einzeln auf schlanken Stengeln; Sepalen reich rosapurpurn oder carmoisin-lackfarbig. In Betreff der Farbe ähnelt die Pflanze etwas *M. Lindenii*, ist aber dunkler und die Blume ist grösser. Herr Denning, Gärtner des Lord Londesborough, stellte in South Kensington im Jahre 1872 eine schöne Varietät davon aus. Nach dem Zeugnisse von verschiedenen Züchtern scheint diese Species ununterbrochen zu blühen. Ihre reichgefärbten Blumen sind für die Binderei sehr geeignet.

M. ignea. — Eine andere distinkte, aus Neu-Granada stammende Species, welche ihre feurig orange-scharlachrothen Blumen sehr reich-

---

* Nach Josef Masdevall, einem spanischen Botaniker benannt.

lich hervorbringt; sie stehen gleichfalls auf langen schlanken Stielen. Die Pflanze blüht reicher als *M. Harryana.*

M. Lindenii. — Eine von Herrn Linden's vielen Einführungen aus dem grossen Festlande von Südamerika. Ihre Blätter sind wie bei den andern Species spatelförmig und die Blumen lieblich blasssilbriglila; einige Varietäten variiren bis rosapurpurn, aber alle nehmen eine wundervolle durchsichtige Färbung an. Die Blumen von dieser Species sind runder und die Segmente kürzer als diejenigen von *Harryana*. Sie scheint sehr selten zu sein, kann aber bei importirten Sendungen von Orchideen leicht einmal zum Vorschein kommen. Die Pflanze wächst in Gemeinschaft mit den andern Species des Geschlechts kräftig im kühlen Hause, von lebendem Sumpfmoos umgeben und reich mit Feuchtigkeit versehen.

M. tovarensis. — Ein kleiner Edelstein, dessen schneeweisse Blumen paarweise oder seltener zu Dreien auf einem kurzen dreiseitigen Stengel stehen. Die geschwänzten Anhängsel der Lateral-Sepalen durchkreuzen einander in seltsamer Weise. Wenn die alten Blumenstengel nicht entfernt werden, so werden sie immerfort wieder Blumen hervorbringen und zwar in ähnlicher Art wie die alte *Hoya carnosa.* Die Pflanze ist durch ihre perlenartigen Blumen leicht erkennbar.

M. Veitchii. — Diese bleibt doch immer die hübscheste von allen in unsern Gärten bisher eingeführten Species. Ihre Blätter sind 30 Cm. oder mehr lang, die Blumen ziemlich gross, einzeln auf 30—40 Cm. hohen Stengeln stehend; Sepalen in eine glockenförmige Röhre verwachsen; die Spitzen schmal oder geschwänzt, brillant orange, die untern Sepalen dicht mit glänzend purpurnen Haaren besetzt, welche, unten mit Orange gemischt, der Blume einen unbeschreiblichen Glanz verleihen. Sie wächst und blüht gleich den übrigen das ganze Jahr hindurch.

Maxillaria, Ruitz et Pavon *.

**M. grandiflora* (Lindley, Peru). — Diese muss als eine der feinsten Species betrachtet werden und belohnt sehr wohl einige Mühe oder besondere Sorgfalt in der Cultur. Scheinknollen rundlich, 5 Cm. hoch, einblättrig. Blumen einzeln an 10 bis 22,5 Cm. hohen Schäften; Sepalen 3,7—5 Cm. lang, 2—2,5 Cm. breit, nicht zugespitzt gleich denen von *M. venusta*, und ebenso wie die der letzteren elfenbeinweiss;

---

* Von Maxilla, wegen der Ähnlichkeit der Säule und der Lippe mit der Kinnlade, oder Maxillae eines Thieres.

Petalen kleiner, auch reinweiss; Lippe dreilappig, auf den Laterallappen gelb gestricht und innen carmoisinroth gefleckt; Centrallappen limoniengelb. Eine sehr üppig wachsende Pflanze und eben so selten als schön.

M. venusta. — Eine noble, noch selten in der Cultur zu treffende Orchidee. Sie stammt von Neu-Granada und wächst dort in einer Höhe von 1500—1800 Meter; Scheinknollen zweiblättrig; Blätter linienförmig, länglich, glänzend hellgrün; Blumen einzeln, auf starken Schäften; Sepalen und Petalen 7,5 Cm. lang, spitz, vom schneeigsten Weiss; Lippe limoniengelb mit Roth gestricht. Eine leicht zu ziehende Pflanze, welche lange Zeit in der Blüthe bleibt.

Miltonia, Lindley.

Ein Genus mexicanischer und brasilianischer Orchideen, welche gewöhnlich reich blühen und von der allerleichtesten Cultur sind. Die abgeschnittenen Blumen sind zur Bouquetbinderei sehr brauchbar. Die Pflanzen wachsen gut in Torf und Sumpfmoos in gut drainirten flachen Schalen und verlangen eine reiche Menge Feuchtigkeit, wenn sie im Wachsthum sind. Die Miltonien sind von Natur aus blassfarbig; sie werden aber viel grüner, wenn sie hinreichend Feuchtigkeit erhalten. Sie gedeihen wohl in dem warmen Ende des kühlen Hauses, einige, w e *M. spectabilis* und ihre Varietäten sind von zwergigem Wuchse und können dicht unter das Glas gehängt werden. Alle Miltonien sind hübsch, besonders *Warscewiczii, Morelliana, Regnelli* und *candida*.

M. candida (Brasilien, 1832). — Eine schöne alte, nicht häufig getroffene, aber der Cultur wohl werthe Species. Ihre Blumen sind gross und hübsch, und leicht unterscheidbar von denen ihrer Verwandten durch die eingerollte, nicht flache oder ausgebreitete Lippe ebenso wie z. B. bei *M. spectabilis*. Blumenstämme aufrecht, 30—45 Cm. lang, mit 7,5—10 Cm. im Durchmesser haltenden Blumen. Sepalen länglich, blassgelb mit kastanienbraunen Querbändern, einigen Odontoglossen nicht unähnlich; Lippe eingerollt, weiss, mit einem lila- oder purpurfarbigen Fleck am Diskus. Clinandrium geschlitzt oder vielmehr gefranst, auf dieselbe Weise wie bei *Trichopilia*. Diese Pflanze blüht im Oktober und bleibt 2—3 Wochen in Vollkommenheit.

a. M. candida grandiflora. — Eine schöne Varietät mit grossen prächtig gefärbten Flecken auf den Blumen. Die Pflanze wächst kräftig in einem kühlen oder temperirten Hause in Gemeinschaft mit vielen Cattleyen.

*_M. Clowesii_ (Brasilien, 1840). — Scheinknollen 12,5—17 Cm. lang, nach oben spitz zulaufend, zweiblättrig; Blätter 30—40 Cm. lang; Blumenstämme 30—60 Cm. hoch, mit fünf bis fünfzehn 7,5—10 Cm. im Durchmesser haltenden Blumen; Sepalen länglich, 3,7—5 Cm. lang, 12 Mm. breit, tief gelb mit kastanienbraunen Flecken und Querstreifen; Lippe weiss mit einem durch die Mitte gehenden gelben Fleck. Sie ist, wenn gut gewachsen, eine anziehende Pflanze und für Herbst-Ausstellungen zu gebrauchen. Die weisse Lippe von dieser und einer oder zwei anderen Species gehen in Gelb über, nachdem die Blumen eine Zeit lang entfaltet sind.

*a. _Clowesii major_. Eine Gartenvarietät mit grösseren Blumen.

*_M. Regnelli_ (Brasilien). — Eine sehr lieblich gefärbte Species und allgemein als die schönste des Geschlechts betrachtet. Im Habitus ist sie einer schwächlichen _Clowesii_ ähnlich; die Blumen stehen in ähnlicher Weise zu mehreren auf einem aufrechten Stengel beisammen; sie sind aber weit edler, haben rein weisse Sepalen und Petalen von 2,5 Cm. Länge und eine rein weisse Lippe, deren Centrum tief lilla angehaucht ist. Es ist eine seltene und schöne Species, welche im August blüht und 5—6 Wochen anhält.

*_M. spectabilis_ (Brasilien, 1835). — Von allen Miltonien ist diese bei weitem die bestbekannte Species und man trifft sie auch in der That oft auf Nebenplätzen in Gärten um ihre Existenz ringend. Scheinknollen glatt, zusammengedrückt, zweiblättrig. Blumen einzeln, auf geschupptem Blüthenstamm von 15—22,5 Cm. Höhe; Sepalen und Petalen rahmweiss, Lippe breit und flach: keilförmig, weiss mit einem grossen lila- oder purpurfarbigen Fleck nahe der Basis. Diese Species und ihre Varietäten werden oft in grossen Schüsseln für Ausstellungs-Zwecke gezogen. Sie wachsen üppig in Torf, Sumpfmoos und Scherben. Gute Exemplare tragen 40—50 Blumen. Blüht im August; die Blumen halten 3—4 Wochen.

*a. _M. spectabilis Morelliana_. — Oft _M. Morelliana_ oder _M. atropurpurea_ genannt; sie ist aber offenbar nichts weiter als eine hochgefärbte Form von _M. spectabilis_. Die ganze Blume ist reich tief purpurfarbig, die Pflanze wächst ebenso kräftig als ihre Verwandte und bildet ein anziehendes Objekt für Herbst-Ausstellungen.

*b. _M. spectablis rosea_. Eine Gartenvarietät mit feiner rosafarbiger Lippe. Sie wird auch zuweilen _M. Warneri_ genannt.

*c. _M. spectabilis virginalis_. — Eine liebliche Varietät, die vom normalen Typus durch die Sepalen und Petalen, welche schneeweiss sind und ihre Lippe, die mit Ausnahme eines kleinen lilafarbigen Flecks unter der Columne weiss ist, sich unterscheidet.

M. Warscewiczii (Peru). — Scheinknollen 15—20 Cm. lang, sehr flach, mit scharfen Rändern, zweiblättrig; Blätter 30—45 Cm. lang, aufrecht; Blumenähre oder vielmehr Rispe aufrecht oder nickend, mit 10—40 Blumen. Blumen 3,7 Cm. im Durchmesser; Sepalen und Petalen länglich mit buchtigen oder wellenförmigen, weich braunen mit Goldgelb getupften Rändern; Lippe breit und etwas keilförmig, die Basalhälfte dunkelviolett, die Spitze weiss getupft. Eine sehr leicht zu ziehende Pflanze, welche im temperirten oder kalten Hause gut wächst.

Mesospinidium, Reichenbach, Sohn.

M. sanguineum (Südamerika). — Scheinknollen länglich oder sphäroidisch, zweiblätterig. Sie sind oft mit querlaufenden braunen Streifen oder Bändern markirt; Blätter 30—40 Cm. lang, 12 Mm. breit; Blumen tief rosacormoisin auf langem schlaffem Stengel (Rispe); Sepalen und Petalen ca. 8—12 Mm. lang, Lateral-Sepalen ganz zusammengewachsen, oder bis zu ihrer halben Länge in einander verwachsen; Lippe weiss, zur Columna einen rechten Winkel bildend, an welche sie dicht angewachsen oder gepresst ist; Kamm weiss, zweilappig. Wenn die Pflanze gut gezogen wird, so trägt sie zahlreiche Rispen von lieblich gefärbten Blumen.

M. vulcanicum. Wurde in neuerer Zeit eingeführt und scheint eine sehr niedliche Acquisition für's Kalthaus zu sein. Ihre Knollen sind verkehrt birnförmig, zusammengedrückt, zweiblätterig; Blätter ziemlich dick, lanzetförmig; Rispe mit zahlreichen, rosapurpurnen oder carmoisinrothen *Epidendrum*-artigen Blumen, welche grösser sind als diejenigen von *M. sanguinea*.

Nanodes, Lindley.*

Eine der seltsamsten Orchideen, der man in unsern Sammlungen noch wenig begegnet. Ihre Scheinknollen sind dick und fleischig, ca. 30 Cm. lang; Blätter zweizeilig, graugrün und seltsam gedreht. Blumen gewöhnlich paarweise an der Spitze des Triebes; Sepalen und Petalen länglich, grünlich und braun schattirt; Lippe rundlich im Umriss, die Ränder tief geschlitzt; Farbe dunkel carmoisinschwarz, und gegen das

---

* Von Nanodes, zwergig.

Licht gehalten, sehr schön. Die Pflanze wächst am besten im Sumpfmoos auf einem Klotz.

Nasonia, Lindley.

Nasonia punctata. Wir haben es hier mit einer ungemein kleinen Pflanze zu thun, die aber doch der Cultur werth ist, denn sie ist nahezu stets in der Blüthe. Stamm aufrecht, nur 2,5—5 Cm. hoch; Blätter dick und fleischig 7 Mm. lang, beinahe dreiseitig. Blumen auf schlanken Stielen in den Blattachseln; Sepalen und Petalen prächtig orangescharlach und nur einige Centimeter lang: Lippe prächtig goldgelb mit einem braunen Fleck im Centrum. Die Pflanze gedeiht gut im Topf, im Sumpfmoos und ist auch unter dem Namen *N. cinnabarina* bekannt.

Odontoglossum, Humboldt et Kunth.*

Von diesem Genus gibt es kaum eine einzige Species, welche nicht der Cultur werth wäre. Alle sind schön und sie gewinnen täglich mehr Boden beim Orchideen ziehenden Publikum. Obgleich sie in den tropischen oder äquatorialen Regionen einheimisch sind, so gibt es doch nach Herrn Bateman, einem der ersten Beförderer der kalten Orchideenzucht, nicht eine einzige Species, welche in den schwülen und tropischen Niederungen wächst. Alle lieben die kühlen luftigen Bergketten der Cordilleren von Mexico, Neu-Granada und Peru, wo sie reichlich wachsen und blühen. Eine kühle und mässige Atmosphäre und Ueberfluss von atmosphärischer Feuchtigkeit ist zu ihrem Gedeihen wesentlich nothwendig. Man hört zuweilen sagen, dass sie auch im gewöhnlichen Kalthaus wachsen würden allein das ist ein Irrthum. Sie würden zwar in einem solchen Hause wachsen aber nicht lange. Sie verlangen nicht mehr Wärme als gewöhnliche Kalthauspflanzen aber sie brauchen viel mehr Feuchtigkeit, indem sonst die Kraft der Pflanzen durch die Ausdünstung bald verloren sein würde; um dies zu verhüten, müssen wir das Haus geschlossen halten und mehr Schatten geben als gewöhnlich für Kalthauspflanzen erforderlich ist.

O. Alexandrae (Bateman, Bogota). — Dieses ausgezeichnete Glied des Geschlechts ist mit *O. crispum*, Lindley identisch, und wird den gegenwärtigen Namen zu Ehren der zukünftigen Königin von England wahrscheinlich beibehalten. Sepalen und Petalen 2,5—5 Cm. lang, oft 2—5 Cm. breit, rein weiss, mit einem limoniengelben Fleck am Kamm

---

* Von Odous ein Zahn und Glossa die Zunge.

und unten rosa gefleckt; die Blumen dieser Species variiren sehr stark in Form und Farbe. Es ist eine der lieblichsten Braut-Orchideen, und eine kleine Blumenähre geschmackvoll an einem Wedel von *Adiantum Farleyense* oder *A. macrophyllum* arrangirt bildet einen natürlichen Kranz oder Krone, die selbst Venus mit Stolz tragen würde. Die Pflanze kann sowohl in Salon als zur Tafeldecoration verwendet werden, ohne zu leiden; vorausgesetzt, dass die Temperatur des Raumes nicht unter 4^0 fällt. Die Pflanze geht auch unter dem Namen *O. Bluntii*. Sie blüht sehr reich und, wenn in Menge gezogen, nahezu das ganze Jahr.

O. Andersonianum (Neu-Granada). — Diese Species ist in der Gestalt oft *O. crispum* oder einer schmalblättrigen Form von dieser Pflanze ähnlich; sie ist rahmweiss. Die untere Hälfte der Petalen ist immer rothbraun gefleckt und gestreift; die Lippe ähnlich markirt, der obere Theil gelb.

O. aureum purpureum Rchb. Sohn. (Neu-Granada). — Sie soll eine noble Pflanze sein, aber sie hat meines Wissens in England noch nicht geblüht. Sie bewohnt eine sehr kalte Region und wird als eine Pflanze beschrieben, welche vielblumige Aehren trägt; die goldgelben Blumen sind reich purpurn gefleckt und getupft. Die Pflanze wird zuweilen irrthümlich mit der wohlbekannten *O. luteo-purpureum* verwechselt.

O. angustatum. — Eine sehr hübsche Species mit zweiblättrigen Scheinknollen; Rispen 30—36 Cm. lang; Blumen klein, ungefähr 2,5 Cm. im Durchmesser, fünfzig bis hundert auf einem Stengel; Sepalen und Petalen lanzettförmig, blassgelb, braun gefleckt; Lippe mit einem lilafarbigen Fleck im Centrum. Eine unbeständige Pflanze, von der es zwei ziemlich distinkte Varietäten gibt.

O. Bictonense. — Sehr reichblühende Species, obgleich nicht besonders hübsch. Blumenähren ungefähr 60—90 Cm. hoch und 20—30 Blumen tragend; Blumen 3,7 Cm. im Durchmesser; Sepalen und Petalen grünlich-gelb, braun gefleckt und gebändert; Lippe weiss, blass-lila oder rosa angehaucht und schattirt. Die Blumen erscheinen im April und halten einen Monat.

a. *O. Bictonense superbum*. — Sepalen und Petalen stark carmoisinrothbraun gefleckt; Lippe tief rosa-purpurn.

b. *O. Bictonense album*. — Hat eine rein weisse Lippe. Die Blumenstengel von dieser Varietät tragen oft blattartige Bracteen anstatt gehörig entwickelter Blumen.

O. blandum (Neu-Granada). — Eine hübsche weissblühende, *O. naevium* ähnliche Orchidee; ihre Blumen sind gleich der letztgenannten stark purpurbraun gefleckt, aber die Lippe ist sogar grösser als die von *O. naevium majus*.

O. Cervantesi (1845). — Eine zwergig wachsende Species mit eckigen Scheinknollen und lanzettförmigen einzelnen Blättern. Aehre 30 Cm. hoch, 3—5 blumig; Blumen 2,5—5 Cm. im Durchmesser; Sepalen und Petalen rosa-lila, an der Basis mit carmoisinrothen Flecken gebändert; Lippe herzförmig oder dreieckig, weis oder lila. Es ist eine hübsche, obwohl nicht glänzende Species; sie blüht gewöhnlich reichlich, etwa im März oder April und es bleiben die Blumen 1 Monat schön.

O. Cervantesi membranaceum. — Dieser begegnet man in den Gärten oft unter dem Namen *Odontoglossum membranaceum*, aber es ist nur eine grossblühende Form von *O. Cervantesi*. Die beste Varietät von dieser Gruppe ist *O. membranaceum roseum*, eine tief rosafarbige und grossblühende Form von der alten *O. Cervantesi*.

**O. citrosmum*. — Eine gute alte, weissblühende, *(O. pendulum*, Lindl.) im Jahre 1840 eingeführte Species mit grossen, glänzenden, zweiblättrigen Scheinknollen. Blumenähren hängend, mit 15—30 grossen wohlriechenden Blumen. Die Pflanze blüht im Mai und Juni und es bleiben die Blumen 1 Monat in Vollkommenheit. Sie wächst am besten im warmen Ende des Hauses unter Cattleyen und Miltonien.

**O. citrosmum roseum* (Mexico). — Eine noble Form von der vorigen, mit grossen rosafarbigen Sepalen und Petalen und einer rosa-purpurnen Lippe. In der Sammlung von Dr. Ainsworth in Higher Broughton hatte ein *O. citrosmum roseum* auf einem einzigen Stengel 52 Blumen getragen. Herr Mitchel zieht nicht nur diese Pflanze, sondern auch *Miltonia Warscewiczii* und *Oncidium sarcodes* merkwürdig gut. Ein *O. sarcodes* in einem kühlen Hause hatte fünfzig bis siebenzig Blumen auf einem Stengel.

O. cordatum (Guatemala, Mexico, 1837). — Scheinknollen länglich, gewöhnlich einblättrig; Blätter glänzend-grün mit gelben Linien; Schaft einfach, aufrecht, 10—15 Blumen tragend; 5—7,5 Cm. im Durchmesser; Sepalen und Petalen nahezu gleich, lanzettförmig, am Ende sehr spitzig, gelb, reich braun gebändert und gefleckt; Lippe herzförmig, weiss mit einigen braunen Flecken. Diese Species ist sehr veränderlich in der Tiefe und Reichaltigkeit der Markirungen und wurde oft mit *O. maculatum*, einer ganz verschiedenen Species, verwechselt; es ist eine reichblühende und leicht wachsende Art und blüht im Mai. Die Blumen halten 3—4 Wochen.

O. coronarium. — Eine der kühlsten Species, welche wir haben; sie stammt aus den Anden von Peru und wächst dort in einer Höhe von 2400 Meter. Ihre grossen, flachen, gerunzelten Knollen erscheinen in Zwischenräumen (Intervallen) längs des kriechenden Rhizomes und tragen ein kurzes längliches Blatt an der Spitze. Blumenstengel aufrecht, 30—40 Cm. hoch, mit 36—40 Blumen; Sepalen und Petalen glänzend braun, gelb gerändert; Lippe glänzend goldgelb. Die Pflanze bleibt lange Zeit in der Blüthe. Sie blühte im Jahre 1872 in Lord Londesborough's Sammlung durch die Sorgfalt des Herrn Denning wie ich glaube zum ersten Mal in England, obgleich sie schon seit langer Zeit eingeführt wurde. Der Blumenstengel entspringt nicht aus dem zuletzt gemachten Trieb, sondern aus der drittletzt gebildeten Knolle. Die Pflanze verträgt eine sehr kühle Behandlung und ist in den Handelsgärtnereien und Gärten als *O. candelabrum*, und auch, aber seltener, als *O. brevifolium* bekannt. Wächst gut in Torf und Sumpfmoos in einem flachen Topf und nahe dem Licht aufgehängt. Blüht vom März bis Mai.

O. Coradinei. — Professor Reichenbach glaubt, dass die Pflanze möglicherweise eine Hybride zwischen *O. triumphans* — welche ihr viel ähnelt — und eine von den Formen sei, wovon *O. odoratum* als der Typus betrachtet wird. Sepalen und Petalen 5—7,5 Cm. im Durchmesser, blassgelb, mit zwei oder drei kastanienbraunen Flecken; Lippe rahmweiss, mit einem grossen unregelmässigen Fleck an ihrem Diskus und einigen kleineren Flecken nahe der Basis. Der Kamm der Lippe ist verschieden von demjenigen von *O. triumphans;* auch ist der Habitus und Wuchs schlanker. Es scheint eine herrliche Pflanze zu sein, welche zwei bis drei Blumen auf einem Stengel trägt; diese Zahl wird aber zweifellos bald vermehrt werden, wenn sie mehr verbreitet wird.

O. cristatum (Peru). — Ist keine so hübsche Pflanze als einige der andern Species. Ihre Blumen sind ungefähr 5 Cm. im Durchmesser, grünlich-gelb und braun gefleckt; die Lippe ist weisslich, dunkelbräunlich-purpurn gefleckt, und hat einen weissen strahlenförmigen Kamm. Die Pflanze blüht reich und lange.

O. crocidipterum (Neu-Granada). — Eine sehr hübsche und reichblühende Species, *O. naevium* oder ihren Verwandten *O. gloriosum* im Habitus und in der Art zu blühen einigermassen ähnlich. Scheinknollen gepresst und conisch, zweiblättrig; Stengel 30—45 Cm. lang, mit zahlreichen blassgelben, braun gefleckten, sehr wohlriechenden Blumen; einzelne Blumen 5—7,5 Cm. im Durchmesser; sie sind in der Gestalt denen von *O. naevium* genau ähnlich, aber gelb statt weiss. Die Lippe hat einen zweilappigen weissen Kamm, welchen ein rein limoniengelber Fleck umringt. Die Blumen erscheinen reichlich im August und September oder viel später als die von *O. naevium* und halten längere Zeit.

O. Ehrenbergi (Mexico). — Diese hübsche kleine Species ist in Grösse und Habitus *O. Cervantesi* sehr ähnlich, aber die Sepalen sind an ihren Spitzen braun gebändert, während diejenigen von *O. Cervantesi* nur an ihrer Basalhälfte bebändert sind; die Lippe ist der von *O. stellatum* (*O. erosum*) sehr ähnlich; wenn eine grössere Anzahl ganz gut untergebracht und besorgt wird, so blühen sie reich, und dasselbe kann von allen zwergig wachsenden Species dieser Gruppe gesagt werden.

O. gloriosum (Neu-Granada). — Diese Pflanze ist im Habitus mit *O. naevium* identisch, von welcher sie die Züchter durch ihre stärker verzweigte Aehre und rein weissen, braun gefleckten und gestreiften Blumen unterscheiden, während in den wahren *O. naevium* und ihrer feinen Varietät *O. naevium majus* die Blumen schneeweiss und purpurn gefleckt sind. Sepalen und Petalen 2,5—3,7 Cm. lang, lanzettförmig, zugespitzt, gekrümmt, stark wellenförmig gerändert. Die Blumen erscheinen im April und Mai und halten lange Zeit. Es scheint eine kräftige Form der Gruppe zu sein, von der *O. naevium* der Typus ist.

**O. grande* (Guatemala). — Die Pflanze trägt ihren Namen mit Recht; denn sie ist die glänzendste Species von der ganzen Gruppe, und wenn gut gezogen, eine schöne, decorative und werthvolle Ausstellungspflanze. Ihre grau-grünen Scheinknollen sind dick, leicht eckig, zweiblättrig; Blätter 15—22,5 Cm. lang, breit, lanzettförmig und dunkelgrün; Blumenschaft derb, 5—9blumig; einzelne Blumen 10—17,5 Cm. im Durchmesser; Sepalen und Petalen länglich, wellenförmig, reich goldgelb, leuchtend-braun gebändert. Wenn die Pflanze gut cultivirt wird, so trägt sie oft 20—30 entfaltete Blumen zu gleicher Zeit. Es ist die feinste Form von der kleinen Gruppe, von welcher *O. Insleayi* und *O. Schlieperianum* die weiteren Species sind. Die Pflanze ist leicht zu ziehen und gedeiht am besten, gleich *O. citrosmum* und *O. Krameri*, im warmen Ende des Hauses.

*a. *O. grande superbum.* — Eine auserlesene Gartenvarietät mit feinen, reichgefleckten Blumen.

O. Hallii. — Man sehe *O. luteo-purpureum.*

O. hastilabium. — Eine stark wachsende Species, mit dicken, blassgrünen, rinnigen Scheinknollen und starken, verzweigten, aufrechten, graugrünen Blumenähren; Blumen 50—100 auf einem Stengel, einzelne Blumen 5—7,5 Cm. im Durchmesser; Sepalen und Petalen lanzettförmig, gekrümmt, blassgrün, weiss an ihren Spitzen; die Blumen entfalten sich allmählich viele Wochen lang. Blüthezeit von Mai bis Juli, dauert 3 Monate.

O. hystrix. — Man sehe *O. luteo-purpureum.*

**O. Insleayi* (Mexico, 1840). — Eine Species, welche im Habitus *O. grande* ganz ähnlich ist; aber ihre Scheinknollen sind gedrückter, länger und rinniger; Blumenstengel 5—10blumig; Sepalen und Petalen blassgrün oder gelb, stark braun gebändert; Lippe kleiner als diejenige von *O. grande*, von brillantestem Goldgelb und carmoisinroth gefleckt; die Blumen erscheinen im November und Januar und halten 6 Wochen lang.

**O. Krameri* (Costa Rica). — Eine sehr hübsche kleine Species, welche mit *O. pendulum* verwandt ist. Ihre Scheinknollen sind flach, einblättrig; Blumenstengel 2—3blumig, Blumen ziemlich kleiner als diejenigen von *O. citrosmum (pendulum)* und lieblicher gefärbt; Sepalen und Petalen länglich, weiss, fleischfarbig angehaucht; Lippe nierenförmig, weich fleischfarben, auch purpurfarbig gesprenkelt, hat einen gelben Kamm unter welchem zwei wellenförmige querlaufende braune Linien erscheinen. Die Pflanze gedeiht gut in Torf- und Sumpfmoos im warmen Ende des Hauses.

O. luteo-purpureum (Neu-Granada). — Eine sehr veränderliche Species, welche in einer Höhe von 2,700 Meter gefunden wird und von der *O. Hallii, O. hystrix* und *O. radiatum* die auffallendsten Formen sind; diese werden wieder mit dem Normaltypus verschmolzen durch eine lange Reihe von nur wenig von einander verschiedenen mittelständigen Subvarietäten. Es ist fraglich, ob die grosse *O. triumphans* nicht eine extreme und höchst schöne Form von dieser abweichenden Species ist. Scheinknollen conisch, leicht gepresst, zweiblättrig; Blätter beinahe lanzettförmig, oft bronzefarbig; Blumenstengel 30—90 Cm. lang, zuweilen verzweigt, einzelne Blumen 5—10 Cm. im Durchmesser; Sepalen und Petalen lanzettförmig, zugespitzt, goldgelb, stark braun gefleckt; Lippe weiss, braun gesprenkelt, mit gesägtem, goldfarbigem, strahlenförmigem Kamm.

a. *O. luteo-purpureum Hallii*. — Eine der feinsten Formen, mit 7,5—10 Cm. im Durchmesser haltenden Blumen; Sepalen und Petalen carmoisinbraun, prächtig goldgelb gerändert und getüpfelt; Lippe 2,5 Cm. breit, gesägt, weiss, hochroth gesprenkelt; Kamm strahlenförmig, goldgelb; Columne weiss, braun gestreift. Ein prächtiges Exemplar von dieser Varietät trug in der Sammlung des Herrn Salt vier Blumenstengel. Einer davon war 90—120 Cm. lang, verzweigt und trug 30 Blumen. Es ist eine schöne Ausstellungspflanze.

b. *O. luteo-purpureum hystrix*. — Diese Varietät ist nur eine auserlesene Gartenform und variirt vom normalen Typus nur in der Farbe. *O. luteo-purpureum grande* und *O. radiatum* sind auch Varietäten von dieser Species und sind nur durch die Grösse und Farbe ihrer Blumen zu unterscheiden.

O. maculatum (Mexico, 1838). — Der Habitus dieser Pflanze ist dem von *O. cordatum* sehr ähnlich, aber die Blumen sind sehr distinkt. Sepalen lanzettförmig, gelb, braun gefleckt; Petalen viel breiter, rein goldgelb mit nur zwei oder drei braunen Streifen an der Basis; Lippe herzförmig, gelb — nicht weiss wie *O. cordatum* — braun getupft. Sie ist, wenn während der Blüthe gesehen, von *O. cordatum* sehr verschieden, aber sie wurde mit dieser Species verwechselt und sogar als diese abgebildet. Blüht von April bis Juni, die Blumen halten 4—6 Wochen.

O. membranaceum. — Man sehe *O. Cervantesi*.

O. naevium. — Eine splendide, auf den Anden von Neu-Granada einheimische Species. Scheinknollen ziemlich flach, eiförmig; wenn alt, schräg gerunzelt; Blumen 10—16 auf einem bogenförmigen, 30—45 Cm. langen Stengel; Sepalen und Petalen 3,7 Cm. lang, lanzettförmig, wellenförmig gerändert, rein weiss, carmoisinpurpurn getupft und gesprenkelt. Die Blumen erscheinen im Mai und Juni und halten 4—6 Wochen. Es ist eine der feinsten von allen Orchideen und gibt, wenn sie gut cultivirt wird, eine schöne Ausstellungspflanze.

O. naevium majus. — Eine andere und bessere Form von dieser Species mit grösseren Blumen, welche an gut gezogenen Pflanzen im April oder Mai reichlich erscheinen. In der Sammlung des Herrn F. B. Dodgeson in Blackburn hat ein prachtvolles Exemplar 25 Blumenstengel producirt, wovon einige 15—16 Blumen trugen. Ein prächtiges Exemplar existirt auch in der auserlesenen Sammlung des Herrn John Russell in Mayfield nahe Falkirk. Diese beiden Pflanzen blühen reich und sind in der üppigsten Gesundheit.

O. nebulosum (Mexico). — Eine grossblühende Species, welche bei der kühlen Behandlung im Hause gut gedeiht. In ihren einheimischen Plätzen wird sie in einer Höhe von 2400—3000 Meter gefunden; Scheinknollen rundlich, zweiblättrig; Aehren derb, 5—7blumig; Blumen 5 Cm. im Durchmesser; Sepalen und Petalen 3,7—5 Cm. lang, 2,5—3 Cm. breit, länglich, leicht gekrümmt, weiss und mehr oder weniger braun getupft; Lippe herzförmig mit einem limonienfarbigen zweilappigen Kamm und einigen braunen Tupfen. Blumen vom März bis Mai, halten 3—4 Wochen.

a. *O. nebulosum candidum*. — Eine üppig wachsende Form von der vorigen Species, ohne Flecken auf den Segmenten des Perianthiums. Die Blumen sind mit Ausnahme des gelben Kammes und einigen Flecken auf der Lippe rein weiss.

b. *O. nebulosum pardinum*. — Eine andere Form mit Blumen wie im normalen Typus, aber dichter braun getupft und gefleckt. Sie ist in den Handelsgärten und anderen Gärtnereien mit dem Namen *O. pardinum* etiquettirt, aber es ist nur eine reichlicher gefleckte Varietät des dunkeln *Odontoglossum nebulosum*.

O. nevadense (Neu-Granada). — Diese schöne und glänzende Species sieht beim ersten flüchtigen Blick dem alten *O. luteo-purpureum* auffallend ähnlich, ist aber leicht unterscheidbar von ihr durch den zweilappigen, nicht wie bei letzterer strahlenförmigen Kamm. Blumen 5—7,5 Cm. im Durchmesser; Sepalen und Petalen braun, gelb getupft und gerändert; Lippe weiss, gesägt, mit einigen Tupfen auf ihren Lateralzacken und rings um den Kamm am Diskus. Bleibt lange Zeit schön.

O. odoratum (Neu-Granada). — Eine sehr reichblühende Species und grösstentheils *O. crocidipterum* ähnlich. Scheinknollen eiförmig, zweiblättrig; Blumenstengel zahlreich, mit 3,5—5 Cm. im Durchmesser haltenden Blumen; Sepalen und Petalen lanzettförmig zugespitzt, prächtig gelb, reich braun gefleckt; Lippe lanzettförmig-dreilappig, in der Farbe, mit Ausnahme des zweilappigen Kammes, den andern Segmenten nicht unähnlich. Die Blumen halten einen Monat und sind sehr wohlriechend. *O. constrictum* gehört auch zu dieser Gruppe.

a. *O. odoratum* var. *latimaculatum*. — Diese Abart hat tief goldfarbige, sehr stark cormoisinrothbraun gefleckte Blumen; sie ist, wenn gut cultivirt, ziemlich effektvoll.

O. Pescatorei (Neu-Granada, 1851). — Eine veränderliche, aber wirklich schöne Species, in der Farbe ihrer Verwandten *O. crispum* ähnlich, aber etwas kleiner im Habitus. Sie ist von der letzteren durch die ausgesprochen geigenförmige Lippe leicht zu unterscheiden. Scheinknollen dick, braun gesprenkelt, zweiblättrig; Blätter 15—30 Cm. lang; Rispen 30—60 Cm. lang, aufrecht oder geneigt, zehn bis hundert Blumen tragend; Sepalen und Petalen perlweiss; Lippe weiss mit kräftigen purpurnen Flecken und einem limoniengelben, zweilappigen, gesägten Kamm. Blumen im April und Mai, bleiben 3—4 Wochen oder länger in Vollkommenheit. Lord Londesborough hat eine schöne Varietät von dieser, welche 7,5 Cm. im Durchmesser haltende Blumen mit sehr breiten Petalen trägt, die von grosser Substanz sind.

**O. Phalaenopsis* (Ecuador, 1850). — Eine sehr distinkte und schöne Species. Ihre eiförmigen Knollen sind zweiblättrig und von sehr blass-weisslich-grüner Farbe. Blätter schlank, grasähnlich, blass- oder grau-grün; Schäfte schlank, ein- oder dreiblumig, kürzer als die Blätter; Sepalen und Petalen länglich, ungefähr 2,5 Cm. lang, rein- weiss; Lippe sehr gross und flach, geigenförmig, d. h. in der Mitte zusammengezogen, weiss, mit einem lilafarbigen Fleck und einigen purpurnen Tupfen. Diese Species ist besonders delikat und verlangt eine wärmere Temperatur als die meisten *Odontoglossum*, mit Aus- nahme von *O. Krameri*. In dem Haus, in welchem sie wachsen soll, darf die Temperatur während der Wintermonate nicht unter 8° fallen. Die Pflanze verlangt eine gleichmässige Temperatur, frei von plötzlichem Wechsel, damit sie gut wächst. Ich habe sie nirgends so üppig ge- deihen sehen als in der reichen Sammlung der Herren O. Wrigley in Bury unter der Pflege von Herrn Th. Hubberstey. Sie wird dort dem Dutzend nach gezogen; ein schönes Exemplar davon wurde zu Manchester und London ausgestellt, welches 60 schön entfaltete lieb- liche Blumen trug. Die Blumen erscheinen im Mai und bleiben 4—6 Wochen lang in Vollkommenheit. Diese Species wird zuweilen *Miltonia pulchella* genannt.

O. platycodon (Peruvianische Anden). — Eine stark wachsende Species, die in hohen Lagen vorkommt, wo die Natur grossem und plötzlichem Wechsel ausgesetzt ist. Blumenstengel stark, 48—60 Cm. hoch; auf ihren einheimischen Plätzen oft fünfzig bis hundert Blumen tragend. Die Pflanze soll dem Vernehmen nach 1—2° Frost widerstehen, aber man sollte sie nicht einer so strengen Behandlung unterwerfen.

O. pulchellum (Mexico, 1841). — Eine edle weissblühende Species von sehr leichter Cultur. Knollen dunkelgrün, eiförmig, mit zwei dunkelgrünen Blättern, sehr schmal. Blumenstengel aufrecht, 30—40 Cm. hoch, 10—12 blumig; Blumen ungefähr 2,5 Cm. im Durchmesser und crystallweiss; Lippe weiss, seltsam gedreht, mit einem wie ein W gestalteten Kamm von rein limoniengelber Farbe mit einigen purpurnen Tupfen. Es ist eine köstlich riechende Species und für die Binderei sehr geeignet, da sie ihre Blumen reichlich hervorbringt; diese erscheinen im März und April und bleiben 6 Wochen in Vollkommenheit.

a. *O. pulchellum majus.* — Eine grösser blühende Form, und der vorstehenden im Habitus ähnlich.

b. *O. pulchellum tenuifolium.* — Eine andere Varietät mit sehr kleinen, nicht so weit ausgebreiteten Blumen, wie die der vorigen.

O. radiatum. — Siehe *O. luteo-purpureum.*

O. Reichenheimi (Südamerika). — Eine kräftig wachsende Species. Scheinknollen 12,5—17,5 Cm. hoch, zweiblättrig; Blätter 30—40 Cm. lang; Rispe aufrecht, 60—90 Cm. hoch; Sepalen und Petalen grün, kastanienbraun gefleckt; Lippe keilförmig, weiss, mit einem lilafarbigen Fleck auf ihrer Basalhälfte; Columna sehr kurz, weiss. Eine reichblühende Species, welche lange Zeit schön bleibt.

O. roseum (Lindley, Loxa). — Diese Species ist gegenwärtig nur wenig bekannt, obgleich sie eine der ältesten und hübschesten der ganzen Gruppe ist. Die Herren Backhouse u. Sohn in York waren so glücklich, sie innerhalb der letzten paar Jahre einzuführen. Scheinknollen eiförmig, ungefähr 1 Fuss lang; Blumenstengel bogenförmig oder geneigt, zehn- bis zwanzigblumig; Blumen ungefähr 2,5 Cm. im Durchmesser, von eiförmiger, tief rosa-carmoisinrother Farbe, nur die Spitze der Columna weiss. Die Pflanze ist sehr distinkt und sollte wegen ihrer Färbung mehr gezogen werden. Blüthezeit April. Die Blumen halten 1 Monat.

O. Rossii. — Eine schöne mexicanische Species von zwergigem Habitus; Scheinknollen eckig, ziemlich grösser als diejenigen von *C. citrosum*, welche ihr im Habitus ähnelt; Schäfte ein- bis dreiblumig; Blumen 2,5—5 Cm. im Durchmesser; Sepalen lanzettförmig, 2,5 Cm. lang, weiss, schräg braun gefleckt; Petalen beinahe spiessförmig, viel

1. Odontoglossum Uro-Skinneri.
2.   ,,   (erosum) stellatum.
3.   ,,   maculatum.
4. Oncidium Phalænopsis.

breiter als die Sepalen, reinweiss und nur mit einigen Tupfen an der Basis; Lippe länglich oder herzförmig, reinweiss, mit einem limoniengelben, zweilappigen Kamm; Columna weiss. Eine liebliche, reichblühende Pflanze, deren Blumen im Winter erscheinen und 3—4 Wochen lang halten; stammt von Mexico.

a. *O. Rossii superbum.* — Diese auserwählte Varietät ist eine bessere Form mit grösseren Blumen als die von der typischen Species. Die Blumen sind 5—7,5 Cm. im Durchmesser, carmoisinroth gefleckt, sehr distinkt und anziehend.

b. *O. Rossii Warnerianum.* — Eine weitere schöne Form mit 5 Cm. hohen Scheinknollen; Blumen 3—5 auf einem Stengel, welcher länger ist als die Blätter, 5—7,5 Cm. im Durchmesser mit breiten Segmenten; Sepalen und Petalen reinweiss, gebändert und an der Basis mit Purpur gefleckt; Lippe herzförmig, gekerbt, weiss, mit goldfarbigem Kamm.

**O. Schlieperianum* (Neu-Granada). — Im Habitus ähnelt diese *O. grande*, blüht aber im Juni und Juli und bleibt lange Zeit schön; Blumen so gross und in der Form ähnlich wie die der letztgenannten Species, aber blassgelb und fast ohne Flecken. Die Lippe ist goldgelb, aber kleiner als die von *O. grande*, von welcher sie zweifelsohne nur eine Varietät ist; sie ist indessen werthvoll, da sie zu einer ganz anderen Zeit blüht. Sie gibt, wenn richtig gezogen, eine gute Ausstellungspflanze. Es herrscht einiger Unterschied unter den verschiedenen Individuen von dieser Species; einige sind beinahe ohne Markirungen, während andere reich gefleckt oder gebändert sind; aber in keinem Fall so ausgesprochen wie bei *O. grande*. Herr T. A. Titley von Gledhow bei Leeds, hat eine feine, dunkel gefleckte Varietät von dieser Species, welche auch als *O. pretiosum* bekannt ist.

O. stellatum (*O. erosum*). — Wir haben hier eine kleine Pflanze mit einzeln stehenden Blumen. Scheinknollen 5—7 Cm. lang, einblättrig, die ganze Pflanze nur 15 Cm. hoch; Blumenstengel kaum mehr als 10 Cm. hoch; Sepalen und Petalen ungefähr 2,5 Cm. lang, blassgelb, braun gefleckt. Lippe weiss, zuweilen concav, rings um den Rand herum sehr gekerbt. Die Blumen erscheinen reichlich im Juni und Juli und es ist der Mühe werth, die Pflanze zu ziehen, obgleich sie keineswegs glänzend ist; diese Species ist leicht an ihren Blumen, welche einzeln stehen und an ihrer gekerbten Lippe zu erkennen.

O. tripudians. — Diese Species ist lange Zeit schon in den Continental-Gärten, obgleich sie selten geblüht hat; sie scheint jetzt in England ziemlich verbreitet zu sein. Es ist eine sehr hübsche Pflanze mit grossen glänzenden Blumen; Sepalen und Petalen länglich, prächtig kastanienbraun, die Spitzen reich goldgelb; Lippe geigenförmig, weiss, an ihrem Basaltheil purpurviolett gefleckt und mit einem violetten Fleck vornen auf dem Callus (Schwiele). Sie hat in der Sammlung des Herrn E. G. Wrigley unter der Pflege des Herrn Kemmery geblüht.

O. triumphans. — Diese ist, *O. grande* ausgenommen, die glänzendste der gelbblühenden Odontoglossen; Scheinknollen etwas ähnlich denen von *O. Pescatorei*, aber grösser und braun gesprenkelt, zweiblättrig; Blumenstengel drei bis sieben Blumen tragend; Blumen 10 bis 15 Cm. im Durchmesser; Sepalen und Petalen lanzettförmig, die Ränder der Sepalen zuweilen leicht gekerbt, prächtig goldgelb, zimmtbraun getupft; Lippe weiss mit limoniengelbem Centrum, die Spitze purpurrosa getüpfelt. Diese Pflanze ist ziemlich selten, und würde, wenn gut gezogen, eine schöne Frühlings- oder frühe Sommerausstellungspflanze geben. Ich habe einige feine Varietäten von dieser glänzenden Species in Ferniehurst gesehen.

O. Uro-Skinneri (Guatemala). — Eine von allen Orchideen am leichtesten zu ziehende Pflanze, wenn sie richtig behandelt wird. Sie verlangt eine kühle und ziemlich schattige Situation und viel Wasser, wenn sie im Wachsthum ist; ihre Scheinknollen sind dick und tragen breite, lanzettförmige, 22,5—30 Cm. lange Blätter; Blumenschäfte einzeln, 60—90 Cm. hoch, mit 10—20, 3,7 Cm. im Durchmesser haltenden Blumen; Sepalen und Petalen länglich, grün, stark braun gebändert; Lippe breit, herzförmig, lieblich rosa, weiss gefleckt, mit einem zweilappigen Kamm; die Blumen erscheinen ungefähr im Oktober oder November und bleiben 4—6 Wochen in Vollkommenheit.

O. vexillarium. — Wir haben da eine entschiedene Neuheit und eine gewiss bald viel begehrte Species, aber sie ist gegenwärtig noch selten in den Sammlungen. Ihre Scheinknollen sind linienförmig, zweiblättrig; Blumenstengel 5—7-blumig; Sepalen und Petalen ungefähr 2,5 Cm. lang, reinweiss, die Lateralsepalen haben einen einzigen purpurnen Strich auf der Mitte; Lippe ungemein gross, volle 5 Cm. breit, grösser als die von *Phalaenopsis* und ausgesprochen fächelförmig, mit einer schmalen pfeilförmigen Basis; die 5 Cm. breite Lippe, sowie die

Sepalen und Petalen sind reinweiss und lieblich rosa tingirt, die äusserste Basis limoniengelb gefärbt.

O. Wallisii (Neu-Granada). — Scheinknollen eiförmig, zweiblättrig; Blätter 22,5—30 Cm. lang, sehr schmal und grasähnlich; Blumenstengel aufrecht oder bogenförmig, fünf bis zehn Blumen tragend. Blumen 5—7,5 Cm. im Durchmesser, sehr glänzend; Sepalen und Petalen länglich, ungefähr 2,5 Cm. lang, goldgelb, rosapurpurn gefleckt; Lippe strohfarbig, mit einem rosafarbigen Fleck nahe der Spitze; Kamm, Rand und Spitze weiss; Lippe theilweise an die Columna angewachsen, wie bei der alten *O. epidendroides (O. Lindleyanum)*, von welcher sehr veränderlichen Species sie wahrscheinlich eine schön gefärbte Varietät ist. Es ist eine von den Einführungen Wallis' in das Etablissement Linden.

O. zebrinum. — Eine seltsame Pflanze mit dem Habitus von *Oncidium macranthum*. Blumenstämme 1,50—1,80 Cm. lang, zickzackig und in der gleichen Weise wie diejenigen von der letztgenannten Species verzweigt. Ihre Blumen sind von mittlerer Grösse, 2,5—3,7 Cm. im Durchmesser; Sepalen und Petalen gleich weiss, sehr kraus oder wellenförmig und braun gebändert; die weisse Lippe hat einen grossen, gerunzelten, goldfärbigen Kamm, ganz ungleich von den irgend eines andern *Odontoglossum* oder *Oncidium*, welche ich gesehen habe. Blüht im August und September; die Blumen halten eine beträchtliche eit.Z Die Pflanze geht auch unter dem Namen *Oncidium zebrinum*.

Oncidium, Swartz.

Dieses Genus ist mit Ausnahme von *Epidendrum* vielleicht das an Species zahlreichste und es sind viele davon mehr oder weniger für das kühle Orchideenhaus geeignet. Unter den letzteren sind insbesondere aufzuzählen: das wahrhaft edle *O. macranthum*, eine der feinsten von allen Orchideen; *O. serratum, O. crispum, O. cucullatum, O. Phalaenopsis, O. nubigenum* und *O. splendidum*, nicht zu gedenken anderer die eben so schön sind. Die meisten Oncidien sind wegen ihrer Reichblüthigkeit merkwürdig; die Blumen sind goldgelb, mehr oder weniger braun gefleckt, die Pflanzen meistens von leichter Cultur. Die grösser werdenden Species gedeihen in der für die Odontoglossen empfohlenen Mischung und sollten in Töpfen gezogen werden. Die kleineren Arten, wie z. B. *O. cucullatum* und ihre Varietäten, können entweder in flachen Schüsseln gezogen oder nahe dem Lichte aufgehängt werden. Eine oder zwei Species sind der Cultur werth, da die Blumen zur Binderei sehr geeignet sind, wie z. B. die alte *O. flexuosum* und *O. obrysatum*. *O. cucullatum* oder wenigstens eine Form von ihr, wurde in einer Höhe von 3600—4200 Meter gefunden, und von dieser ausserordentlichen Höhe an finden wir sie herab bis zur gemässigten Zone; einige Species üppig, nur in den heissen tropischen Thälern und Niederungen; doch wir haben hinreichend kühle Species, von denen wir das ganze Jahr Blumen schneiden können.

O. aemulum (Neu-Granada). — Bewohnt dort die Hochlande in einer grossen Höhe und ist eine kräftig wachsende kalte Species. Sie ist eine würdige Rivalin zu der splendiden *O. macranthum*, und trägt gleich dieser Species sehr grosse Blumen. Die Dorsalsepale ist nahezu nierenförmig und lebhaft zimmtroth gefärbt; die Lateralsepalen sind länglich und von gelblich-brauner oder zimmtrother Farbe. Die Petalen sind sehr glänzend zimmtbraun, alle Segmente sind niedlich, gekraust oder wellenförmig; die Lippe ist purpur-violett markirt, gelb an der Basis mit rothlich-braunen Strichen.

O. andigenum. — Eine glänzende Art, zu dem Typus *O. cucullatum* gehörig, mit gelben, dicht mit purpurnen Punkten bedeckten Blumen; die Columna ist purpurn und der Kamm der Lippe tief goldgelb; Blumenstengel aufrecht, fünf- bis siebenblumig. Die Pflanze ähnelt im Habitus der eben erwähnten typischen Form. Einheimisch in Neu-Granada, Ecuador.

O. amictum. Man sehe *O. sarcodes*.

O. aurosum. — Eine andere Species, welche eine Menge goldgelbe Blumen hervorbringt, die an aufrechten, nahe an der Spitze verzweigten Stengeln stehen; Blumen einzeln, 2,5—3,7 Cm. im Durchmesser, goldgelb, weich-braun getupft. Blüthezeit im Herbst; die Blumen halten 3—5 Wochen.

O. barbatum. — Eine sehr reichblühende Species. Die Scheinknollen sind rundlich-eiförmig, mit einem wohl ausgeprägten Rücken auf dem Centrum, gleich wie die von *Laelia acuminata*; einblättrig, Blumenstengel 30—90 Cm. lang; Blumen 3,7—5 Cm. im Durchmesser; sie sind sowohl in der Grösse als in der Farbe veränderlich; Sepalen lanzettförmig mit wellenförmigen Rändern von blassgelber Farbe, warm kastanienbraun gefleckt; Central-Sepalen bis zu ihrer halben Länge verwachsen; Petalen länglich, mit rein goldgelben, wellenförmigen Rändern, nur an der Basis carmoisinbraun gestreift; Lippe dreieckig;

Lateral-Lappen rein goldgelb, der Rand des discalen Theils gefranst und braun gesprenkelt, Apical-Lappen (spitzständige Lappen) rautenförmig, rein gelb. Sehr veränderliche Species. Eine oder zwei ihrer Varietäten sind der *O. bifolium* gleich in der Farbe, aber viel leichter zu ziehen. Einige Varietäten haben lanzettförmige Petalen, welche gleich den Sepalen braun gefleckt sind. Die Blumen erscheinen im Juni, Juli und August; die Pflanze blüht sehr reich in kühler Temperatur.

*O. bifolium. — Eine der besten und compactesten Species, welche wir haben. Ihre Scheinknollen sind 2,5 Cm. lang, oft rinnig und braun gefleckt, zweiblättrig; Blätter von 7,5—15 Cm. lang, dunkelgrün; Rispen hängend, vielblumig; Sepalen und Petalen 1,2 Cm. lang, blassgelb, grün und braun gefleckt; Lippe 2,5—3,7 Cm. im Durchmesser, prächtig goldgelb. Diese und die noch bessere Form davon, nemlich *O. bifolium majus*, sollten in einer flachen, gut drainirten Schüssel oder Terrine in Torf und frischem Sumpfmoos gezogen und nahe am Licht aufgehängt werden.

O. crispum (Orgel-Gebirge; Brasilien). — Eine reichblühende Species mit bräunlichen cannelirten Scheinknollen von 2,8—5 Cm. Höhe und mit zwei Blättern besetzt; Blätter länglich, oft bronzefarbig tingirt; Blumen 20—30 auf einem aufrechten Stengel und 5—7,5 Cm. im Durchmesser; die Sepalen und Petalen bronzeroth und warm braun, einzig in ihrer Art. Die Blumen erscheinen im Winter und halten 4—5 Wochen.

a. *O. crispum Forbesii* ist eine prächtiger gefärbte Varietät von dieser guten alten Species.

O. cucullatum (Neu-Granada in einer Höhe von 2400—2700 Meter). — Eine zwergige Species, welche entweder auf einem Block oder in einem Topf, nahe dem Licht aufgehängt, gut gedeiht; Blumen 7—10 auf 30 Cm. langen Stengeln; Sepalen und Petalen rosa, purpurn getupft; Lippe weiss oder rosapurpurn, dunkler getupft. Die Pflanze blüht reich und bleibt 4—5 Wochen schön.

O. flexuosum (Brasilien, 1818). — Eine alte, reichblühende wohlbekannte Species von leichter Cultur. Scheinknollen entstehend in kurzen Abständen auf einem kriechenden Stamm, flach zweiblättrig; Blumenähre 90—120 Cm. hoch, verzweigt, und mit vielen kleinen Blumen besetzt. Die Lippe ist gelb. Bleibt 3—4 Wochen in der Blüthe.

O. leucochilum (Mexico und Guatemala, 1835). Eine reichblühende Species, welche oft irrthümlich *Odontoglossum laeve* genannt wird. Knollen zweiblättrig, gross, graugrün und rinnig; Blumenstämme 1,50 bis 4,50 M. lang, verzweigt; Blumen 2,5 Cm. im Durchmesser; Sepalen und Petalen grün, mehr oder weniger braun gefleckt; Lippe weiss, wenn älter in Gelb übergehend und mit einem Band über dem Diskus. Die Blumen halten volle 4 Wochen und erscheinen im Winter.

O. macranthum (Peru und Neu-Granada). — Eine grosswerdende Pflanze, welche sich an die kühle Temperatur gut gewöhnt; Scheinknollen 12,5—17,5 Cm. lang; zweiblättrig; Blätter lanzettförmig, glänzend grün mit gelben Linien; Blumenstengel 2,70—4,50 Meter lang, zickzackig und verzweigt, jeder Zweig 4—5 grosse Blumen tragend; Sepalen benagelt, ca. 2,5 Cm. lang, von warm brauner Farbe; Petalen breiter und rein goldgelb; Lippe dolchförmig, prächtig purpurn mit einem fleischigen, weissen Kamm. Die glänzenden Blumen sind 7,5 Cm. im Durchmesser. Wenn die Pflanze gut cultivirt ist, so wird man schwerlich etwas Schöneres finden. Die Blumen sind von guter Substanz und halten sich lange Zeit; sie erscheinen im Juli und August.

O. Marshallianum (Süd-America). — Eine wirklich schöne Pflanze, von welcher schon schöne Exemplare ausgestellt worden sind. Sie ist als eine goldfarbig blühende Varietät von *O. crispum* zu betrachten. Im Betreff des Habitus ist sie mit letztgenannter Species identisch, aber ihre Scheinknollen und Blätter sind blassgrün anstatt röthlichbraun oder bronzefarbig; die Blumen haben 5—7,5 Cm. im Durchmesser, sind reich goldgelb und mit braunen Tupfen und Flecken markirt. Sie wächst gut entweder in einem Topf oder in einer Schüssel nahe dem Licht aufgehängt und gedeiht gleich ihren Verwandten *O. crispum* und *O. crispum Forbesii* gut in Torf und Sumpfmoos an der kühlsten Stelle des Hauses.

O. obryzatum (Neu-Granada). — Diese Species ist eben so leicht zu ziehen als die alte *O. flexuosum* und producirt eine reiche Fülle von langzwergigen Aehren, welche mit braun- und goldfarbigen wohlriechenden Blumen reich beladen sind. Blumen bei guter Pflege 2,5 Cm. im Durchmesser; blüht während der dunkelsten Wintermonate und bleibt einen Monat in der Blüthe. Die Blumen sind zur Binderei geeignet. Es ist eine der werthvollsten im Winter blühenden Orchideen.

O. ornithorhynchum (Mexico, 1826). — Scheinknollen grau-grün, 2,5—5 Cm. hoch, zweiblättrig; Blätter länglich, Blumenähren während des Herbstes und Winters reich hervorkommend, sehr viel verzweigt und gleich. der letzteren sehr stark mit wohlriechenden, lila oder purpurfarbigen Blumen beladen, mit einem goldfarbigen, gerunzelten Kamm an der Lippe. Diese und ihre grösseren Varietäten sind zu Dekorationszwecken wohl zu gebrauchen, da sie, wenn gut gezogen, eine dichte Masse von Blumen liefern.

O. Phalaenopsis (Peru). — Die Pflanze ähnelt im Habitus *O. cucullatum*, trägt aber glänzendere Blumen; Sepalen weiss mit kräftigen Rinnen; Lippe geigenförmig, rein weiss und, gleich den Petalen purpurn gefleckt, mit einem prächtig limoniengelben Kamm. Es ist eine sehr schöne und reichblühende Pflanze, deren Blüthezeit 4—5 Wochen dauert. Wächst gut in Torf oder auf einem Block mit lebendem Sumpfmoos in dem kühlen Ende des Hauses.

**O. sarcodes* (Peru). — Eine Pflanze mit schmalen Knollen, 12,5—17,5 Cm. hoch und mit zwei länglichen dunkelgrünen Blättern; Blumenstengel 60—150 Cm. lang, 60—70 goldgelbe, stark carmoisinbraun gefleckte Blumen tragend. Es ist eine der distinktesten und schönsten Oncidien in Cultur und bleibt lange Zeit in der Blüthe. Im Habitus ist sie mit *O. pubes* identisch; einer Species, die kaum einen Platz in unseren Sammlungen verdient.

O. serratum (Peru). — Diese Species ähnelt im Habitus leicht der grossen *O. macranthum;* ihre eiförmigen Scheinknollen tragen zwei schwertförmige, 30—60 Cm. lange Blätter; Blumenähren 1,50 bis 3,60 Meter lang, verzweigt und zickzackig gleich dem von *O. macranthum*. Blumen 5—7,5 Cm. im Durchmesser, tief braun, sehr eigenthümlich wegen der zusammengewachsenen kammartigen Spitzen, welche einen Bogen über die kleine Lippe und die Columne bilden. Die Pflanze wächst und blüht gut im kühlen Hause, wenn sie ebenso wie *O. macranthum* behandelt wird.

**O. splendidum* (Guatemala). — Eine robuste Species mit dem Habitus von *O. microchilum*, aber mit Blumen, welche an Grösse und Schönheit über dieser stehen. Knollen 2,5 Cm. hoch, mit einem einzelnen länglichen Blatt von 10—17,5 Cm. Länge und grosser Substanz; Blumenstengel aufrecht, Blumen 5 Cm. im Durchmesser; Sepalen und Petalen grün, stark braun gefleckt; Lippe glänzend goldgelb; es ist eine der feinsten Species in der Cultur.

**O. tigrinum* (Mexico). — In vielen Sammlungen auch als *O. Barkeri* bekannt. Es ist eine sehr schöne und glänzende Species; Sepalen und Petalen reich braun, stark gelb gefleckt; Lippe 2,5—3,7 Cm. im Durchmesser, prächtig goldgelb; Blumen während des Herbstes und Winters, bleiben 6 Wochen in Vollkommenheit. Diese Species trug in Dr. Ainsworth's Sammlung an einer schön verzweigten Aehre 50 Blumen. Die grossen Blumen von dieser Species ähneln ganz denen der letztgenannten, aber die Pflanze ist im Habitus weit verschieden. *O. splendidum* hat glatte dunkelgrüne Knollen und ein starres einzelnes Blatt, während *O. (Barkeri) tigrinum* derbe, eckige, zwei- bis vierblättrige Knollen hat, die in der Form denen von *Odontoglossum grande* ähnlich sind.

Palumbina.

P. candida (Guatemala). — Eine hübsche und distinkte, mit den Oncidien verwandte Pflanze, welche in unseren Sammlungen sehr selten ist. Ihre Blumen sind vom reinsten Weiss, von derber wachsartiger Consistenz und bleiben lange Zeit in Schönheit. Die Pflanze wächst unter kühler Behandlung gut in einem kleinen Topf mit faserigem Torf und frischem Moos. Der Topf muss sorgfältig drainirt werden, denn stagnirende Feuchtigkeit führt sicher einmal den plötzlichen Tod herbei.

Pescatorea, Rchb. Sohn.

P. cerina (Veragua). — Eine charmante Orchidee, welche auf dem Vulkan von Chiriqui in einer Höhe von 2400 Meter wächst. Blätter 30 Cm. lang, zweizeilig; Blumenschäfte derb, jeder eine wachsartige, 5—7,5 Cm. im Durchmesser haltende Blumen tragend; Sepalen und Petalen reinweiss oder rahmgelb; Lippe limonien- oder strohgelb, mit einem halbrunden, faltigen, rothgestreiften Kamm; Columna purpurncarmin. Es ist eine edle und schöne Pflanze, die im April und Mai blüht; die Blumen halten eine beträchtliche Zeit. Die Pflanze ist auch unter dem generischen Namen *Zygopetalum* und *Huntleya* bekannt.

Phajus, Laureiro*.

Ph. grandifolius. — Die Pflanzen von diesem kleinen Genus sind immergrün und bilden bald noble, reichlich Blumen hervorbringende Exemplare, welche im Winter und Frühling blühen. Eine noble Pflanze von dieser Species trug zu Chatsworth im Jahre 1871 36 schöne Aehren. Sie stammt von Hong-Kong und wächst an feuchten Stellen;

---

* Von Phaios, glänzend.

Blätter 50—90 Cm. lang, breit-lanzettförmig; Blumenschäfte 60—120 Cm. hoch; vielblumig; Blumen 7,5—10 Cm. im Durchmesser; Sepalen und Petalen lanzettförmig, innen braun, aussen weiss; Lippe zusammengerollt, weiss, mit einer dicken carmoisinbraunen Mündung. Die Blumenähren sind besonders zu Bouquetzwecken geeignet. Die Pflanze blüht vom Januar bis März und es halten die Blumen 6 Wochen lang.

Pilumna, Lindley*.

*P. fragrans. — Eine sehr schöne weissblühende Orchidee, welche mit den Trichopilien nahezu verwandt ist. Ihre Scheinknollen sind flach, 10—17,5 Cm. hoch mit einem dunkelgrünen Blatt; Blumen 2 bis 4 auf einem starken Stengel; Sepalen und Petalen reinweiss; Lippe schneeweiss mit einem prächtig orangegelben Fleck auf dem Diskus. Die in dem „Botanical Magazine" unter diesem Namen abgebildete Pflanze ist nicht so gut als diese, und ist aller Wahrscheinlichkeit nach eine andere mit grünen Sepalen versehene Species. Die Herren Backhouse & Sohn in York erhielten eine gute Sendung von dieser köstlich parfümirten Pflanze, welche in unseren Sammlungen bald ein Liebling werden wird. Sie wächst reich, wenn sie ähnlich den Trichopilien behandelt wird und während ihres Wachsthums reichlich Feuchtigkeit hat.

Pleione, Don.

Ein hübsches kleines Genus von eleganten Pflanzen aus den Gebirgs-Hochlanden Nord-Indiens, wo sie entweder als terrestriale Pflanzen gefunden werden, welche an moosbedeckten Felsen, oder als Epiphyten auf moosbewachsenen Bäumen an schattigen Stellen wachsen. Von allen alpinen Pflanzen ist vielleicht keine edler und schöner als diese liebliche „indianische Crocus", wie sie zuweilen genannt werden. In der Cultur wird es am besten sein, die Pflanzen in flachen, gut drainirten Schüsseln in eine Mischung von faserigem Torf und lebendem Sumpfmoos, mit Hinzufügung von ein wenig Lauberde und Sand zu setzen. Wenn die Pflanzen im Wachsthum sind, so müssen sie beschattet und reichlich bewässert werden; wenn aber die Blätter zu erbleichen beginnen, so müssen die Pflanzen mehr der Sonne ausgesetzt werden, damit ihre derben runzlichen Scheinknollen durch und durch reifen; in Folge hievon werden sie reich blühen und dann kann nichts

---

* Von Pilos, Kappe, wegen der Form der Blumen.

lieblicher sein als diese fremdländischen Gewächse. Ich habe das Vergnügen gehabt, eine grosse Schüssel mit diesen kleinen alpinen Edelsteinen, welche 20—80 Blumen trugen, in der Collection von Ferniehurst zu sehen. Einige Cultivateure ziehen diese Pflanzen gut in Lauberde, Sand und lebendem Sumpfmoos; aber in allen Fällen sind Schatten und Feuchtigkeit zu ihrem kräftigen Wuchs wesentlich nothwendig, und sie sollten versetzt werden, wenn sie verblüht haben.

P. humilis (Ober-Nepal, in einer Höhe von 2100—2400 Meter über dem Meere). — Eine liebliche kleine Species; Blumen weiss; Lippe mit gelb und rosa gefärbten Nerven und 6 kammförmigen Erhabenheiten auf dem Diskus; der Rand gesägt. Diese Species ist von den andern leicht zu unterscheiden durch ihre dunkelgrünen oder purpurnen, flaschenähnlichen, nicht gerunzelten Knollen. Sie producirt Knöllchen an den Spitzen der verfallenden Knollen; diese fallen ab, wurzeln im Sumpfmoos und geben bald blühende Pflanzen. Wenn die Pflanzen in Schüsseln gezogen und gut behandelt werden, so tragen sie 20—30 Blumen, welche alle zu gleicher Zeit entfaltet sind. Die Cultur ist leicht und es bleiben die Blumen 2—3 Wochen gut.

P. lagenaria (Indien). — Scheinknollen gleich denen ihrer Verwandten *P. maculata*, von welcher sie sich durch die rosa-lila- oder malvenfärbigen Sepalen und Petalen unterscheidet. Blumen 5—7,5 Cm. im Durchmesser; Lippe weiss, hochroth genervt und gestreift mit einem gelben Fleck im Schlund. Es ist eine schöne Species und bleibt lange Zeit in Blüthe, wenn sie vor dem Tropfenfall geschützt wird. Eine einzige, von Petch in Manley-Hall in einer Schüssel gezogene Pflanze trug im Oktober 1872 80 Blumen.

P. maculata (Khasya-Hügel). — Diese hat blassgrüne, aufgeblasene Bracteen, durch welche sie leicht unterschieden werden kann, wenn sie im Wachsthum ist; die Sepalen und Petalen sind reinweiss; Lippe weiss und gelb und gleich der letzten stark carmoisin-purpurroth gestreift.

P. Reichenbachiana. — Eine andere liebliche kleine alpine Species neuerer Einführung, mit grossen, zu zweien auf einem Stengel stehenden Blumen; Sepalen und Petalen rosa-lila; Lippe lieblich purpurn gefärbt und vornen schön carmoisinroth gefranst. Die Pflanze stammt von Rangoon und blühte bei Herrn Beesley, Gärtner des verstorbenen P. Callander in Whalley-Range bei Manchester.

P. Wallichiana (Indien). — Ist als eine Varietät von *P. praecox* zu betrachten und blüht reich im November. Ihre grossen einzelnen Blumen sind prächtig rosa, die Lippe lila mit weisser Mitte. Die Blumen halten 14 Tage. Sie hat gleich den übrigen Gliedern des Geschlechts kammförmige Erhabenheiten auf dem Centrum des Diskus.

Polystachya, Hooker*.

Ein grosses Genus von nicht sehr hübschen und folglich nicht viel cultivirten Cap-Erdorchideen. Die nachfolgend angeführte Species macht indess eine Ausnahme und gedeiht gut im kühlen Hause.

P. pubescens (Algoa-Bay). — Obwohl diese Pflanze schon seit langer Zeit eingeführt ist, so hält sie sich doch noch selten. Ihre Scheinknollen sind 5—10 Cm. hoch, spitzig, mit drei oder vier dunkelgrünen Blättern an der Spitze; Aehre endständig, aufrecht, 3—5blumig; Sepalen und Petalen gelb, Lateral-Sepalen mit je 4 rothen Linien; Lippe dreilappig, mit einem haarigen Diskus. Die Pflanze gedeiht gut in Torf und Sumpfmoos und bringt ihre goldgelben Blumen, welche 4—6 Wochen schön bleiben, sehr reichlich hervor; sie wird auch *Epiphora pubescens* genannt.

Restrepia, Lindley.

Ein Geschlecht von niedrig bleibenden Pflanzen, mit *Pleurothallis* sehr nahe verwandt und kaum glänzender. Sie wachsen gut in einer sehr kühlen Temperatur, wenn sie in Torf und Sumpfmoos gepflanzt und während des ganzen Jahres feucht gehalten werden.

R. antennifera (Columbien). — Eine seltsame Species. Ihre schlanken Stämme sind ungefähr 5 Cm. hoch und es trägt jeder nur ein einziges ovales Blatt, aus dessen Basis der Blumenstengel hervorkommt. Sepalen lang, von gelblich-weisser und rosa-carmoisinrother Farbe, stark purpurn gefleckt und getupft; die unteren Sepalen sind am dunkelsten; Petalen schlank, blassgelb, purpurfarbig getupft und gleich den Sepalen mit seltsam stumpf abgerundeten Spitzen versehen. Die Pflanze blüht reich während der Sommermonate; sie sollte von allen denen gezogen werden, welche Pflanzen-Curiositäten lieben.

R. elegans (Columbien). — Eine kleinblumigere, in der Färbung der letzteren sehr ähnliche Art, welche gleich seltsam im Bau ist. Blüht reichlich in kühler Temperatur.

---

* Von Poly, viel, und Stachys, eine Rispe.

Sobralia, Ruitz et Pavon*.

Dieses Genus ist ganz ausgeprägt verschieden im Habitus von den meisten anderen Classen von Orchideen. Der Wuchs ähnelt dem des Schilfes, erreicht oft eine Höhe von 1,50—2,10 Meter und ist mit dunkelgrünen, oval-lanzettförmigen Blättern bekleidet; die Blumen kommen aus den Spitzen dieser langen schlanken Stämme hervor; sie sind gross, hübsch und je nach Species, von weisser, lila, rosapurpurner oder reich-carmoisinrother Farbe; wenn die Pflanzen gut gezogen sind, so erscheinen die Blumen zahlreich. Die Sobralien wachsen gut in dem warmen Ende des kühlen Hauses in einer Mischung von faserigem Torf, Scherben und Sumpfmoos; sie verlangen viel Wasser, wenn sie im Wachsthum sind. Eine der grössten Pflanzen, welche ich gesehen habe ist in der Collection des Herrn John Rhodes in Potter Newton House bei Leeds. Sie wächst in der Ecke einer warmen „Farnerie" (Farnhaus) und blüht ausgezeichnet; es ist eine hochwachsende superbe Varietät von *S. macrantha.*

S. macrantha (Guatemala). — Eine der feinsten Orchideen, welche wir haben, wenn sie gut gezogen ist. Ihre Varietäten variiren von 60—210 Cm. in der Höhe, aber alle tragen an der Spitze der hohen Stämme einzelne 12,5—15,5 Cm. im Durchmesser haltende Blumen; Sepalen und Petalen rosapurpurn, Lippe schön mit reich carmoisinpurpurn und gelb überzogen; sie ist, wenn gut cultivirt, eine schöne Ausstellungspflanze; leider dauern ihre Blumen nur 3—4 Tage. Gesunde Pflanzen produciren ihre Blumen mit rapider Schnelligkeit. Blüthezeit März und April.

a. *S. macrantha splendens* (Guatemala). — Diese Varietät hat namentlich kleinere Blumen als die vorhergehende Species; sie sind aber reicher gefärbt; die Pflanze, oder wenigstens einige von ihren Subvarietäten sind viel zwergiger als die Species und nur 45 bis 60 Cm. hoch.

S. Ruckeri (Neu-Granada). — Eine sehr seltene Species, welcher man in Sammlungen nur wenig begegnet. Sie wird 60—90 Cm. hoch und trägt 3—4 schöne grosse Blumen auf einem kurzen Stengel; Sepalen und Petalen malvenfärbig oder rosapurpurn; Lippe weiss und carmoisin. Die Pflanze bleibt länger in der Blüthe als eine von den anderen Species.

---

* Nach Sobral, einem spanischen Botaniker benannt.

Sophronitis, Lindley *.

Von diesem kleinen Genus haben wir drei oder vier eingeführte Species, die alle sehr schön und interessant sind. Es sind kleine, dicht wachsende Epiphyten und gedeihen am besten auf flachen Blöcken mit lebendem Sumpfmoos. Ihre schönen, prächtig scharlachrothen Blumen erscheinen im tiefstem Winter und sind sehr ansehnlich. Sie wachsen sehr gut im warmen Ende des peruanischen Hauses und verlangen während des Wachsthums reichlich Feuchtigkeit.

S. cernua (Brasilien). — Scheinknollen kurz und dick, mit einem länglichen, kaum 2,5 Cm. langen fleischigen Blatt; Blumen prächtig röthlich-scharlach und 3—9 beisammen auf hängenden Aehren; sie erscheinen im Winter und bleiben 4—6 Wochen schön.

S. coccinea (Brasilien). — Scheinknollen kurz, einblättrig; Blätter länglich, 5—7,5 Cm. lang; Blumen gross, 5—7,5 Cm. im Durchmesser und von guter Substanz; Sepalen und Petalen prächtig scharlachroth, Lippe gelb, roth gefleckt und gestreift. Die Pflanze gedeiht gut entweder auf einem Block mit Sumpfmoos, oder in Torf und Sumpfmoos in eine flache Schüssel gepflanzt und nahe an's Glas gestellt; blüht im Winter.

S. grandiflora (Orgel-Gebirge, Brasilien). — Diese und die vorige Species sind die zwei besten in der Gruppe und sollten dem Dutzend nach gezogen werden, da die Blumen im Winter sehr gut zur Binderei verwendet werden können. Blumen gross, brillant scharlach, erscheinen reichlich im December.

Es gibt eine oder zwei Varietäten von dieser kleinen Pflanze, eine hat kürzere Knollen und kleinere, tiefer gefärbte Blumen als die andere. Der Effekt, den eine solche kleine Pflanze von dieser Species selbst mit nur 4 entfalteten Blumen hervorbringt, ist wundervoll; namentlich in Gesellschaft von frischen grünen Blättern und weissen Blumen, wie diejenigen von *Odontoglossum Alexandrae*. Diese Pflanze kann, wenn in der Blüthe, in den Salon verwendet werden und wird sich Wochen lang halten, wenn sie mit einem Glockenglas bedeckt wird. Ich habe die Pflanze in einem Wardian'schen Kasten mehrere Jahre nach einander im Zimmer wachsen und wohl blühen gesehen.

S. violacea. — Eine weitere hübsche und sehr ausgeprägt gefärbte Species aus dem Orgel-Gebirge. Ihre Scheinknollen sind schlanker,

---

* Von Sophrona, bescheiden.

spindelförmig, 5—7,5 Cm. lang, mit einem lanzettförmigen schmalen Blatt von fast der gleichen Länge; ihre Blumen differiren von denen ihrer Verwandten durch rasa-lila und tief violette Färbung.

Trichocentrum, Pöppig.

Dieses Genus besteht grösstentheils aus kleinblühenden unansehnlichen Pflanzen.

*T. albo-purpureum. — Diese ist indessen der Cultur wohl werth und blüht reich. Sie hat keine Scheinknollen, sondern dunkelgrüne, fleischige Blätter, lanzettförmig in Gestalt und 10—15 Cm. lang. Blumen auf hängenden Schäften; Sepalen zimmtbraun; Lippe weiss mit ein paar purpur-lila-farbigen Flecken nahe ihrer Basis. Sie stammt aus Neu-Granada, gedeiht gut und blüht reich unter kühler Behandlung.

*T. tigrinum. — Der vorhergehenden Species im Habitus etwas ähnlich, aber mit grösseren und feineren Blumen. Einzelne Blumen 5—10 Cm. im Durchmesser; Sepalen und Petalen grünlich-gelb, braun gefleckt; Lippe an der Spitze weiss, der Basaltheil prächtig orangegelb. Eine sehr schöne und seltene Species.

Trichopilia, Lindley.

Ein schönes Genus von leichtwachsenden und reichblühenden Pflanzen. Sie wachsen üppig im warmen Ende des kühlen Hauses, bei der sogenannten mexicanischen Behandlung, d. h. bei kühler, aber mehr trockener Behandlung als im peruanischen Haus, wo die Pflanzen sehr kühl und feucht gehalten werden. Die Pflanzen sollen in gutem faserigem Torf und über dem Schüssel- und Topfrand erhöht gepflanzt werden und, wenn die Gefässe gut drainirt sind, so braucht man keine Furcht zu haben, dass sie übergossen werden. Es gibt viele Species in der Cultur, aber wir wollen nur die besten und brauchbarsten notiren.

*T. coccinea (Central-America). — Knollen 5—10 Cm. lang, einblättrig; Blumen 5—7,5 Cm. im Durchmesser; Sepalen und Petalen zungenförmig, rahmweiss, roth oder braun gefleckt; Lippe tief hochroth mit weissem Rand; blüht reich im Juni und trägt 1—2 Blumen auf einem Stengel; sie halten 2—3 Wochen.

*T. crispa. — Eine der besten Species im Genus und sehr reichblühend. Blumenstengel zwei- bis dreiblumig; Blumen 5—10 Cm. im

---

* Von Thrix, ein Haar, und Kentron der Sporn.

Durchmesser; Sepalen und Petalen weiss, buntscheckig, mit einem carmoisinrothen Fleck in der Mitte; Lippe tief hochroth, zuweilen leicht weiss eingefasst. In der Collection von Herrn Charles Stead in Baildon bei Leeds trug eine Pflanze dieser Art dreimal jährlich Blumen und zwar waren zu gleicher Zeit hundert Blumen entfaltet.

*a. *T. crispa marginata.* — Eine Varietät von der vorigen Species, von welcher sie durch die viel dunkler gefärbten Blumen und durch einen sehr distinkten reinweissen Rand an ihrer tief hochrothen Lippe differirt. Sie ist selten, aber sehr schön, wenn gut gezogen.

**T. suavis.* — In dieser haben wir eine leicht wachsende, im Winter und Frühling blühende Orchidee von seltener Schönheit. Scheinknollen flach, graugrün; Blumen vom Januar bis März mit 3 grossen Blumen auf einem hängenden Stengel; Sepalen und Petalen reinweiss, prächtig rosa gefleckt; Lippe auch weiss, fleischfarben gefleckt. Blüht sehr reich und bleibt 14 Tage in Schönheit.

*a. *T. suavis grandiflora.* — Eine auserlesene Gartenvarietät mit reicher gefärbten Blumen als diejenigen von der normalen Form.

**T. tortilis.* — Knollen schlank, einblättrig; Blätter länglichlanzettförmig. Blumen einzeln oder zwei zusammen auf einem hängenden Stengel; Sepalen und Petalen blassgelb, braun gefleckt und sehr gedreht; Lippe reinweiss, stark roth gefleckt. Eine veränderliche Pflanze; einige von ihren Varietäten tragen hübsche und prächtig gefärbte Blumen. Die Blumen erscheinen im Juni und Juli und bleiben 2—3 Wochen schön.

Uropedium, Lindley.

U. Lindeni. — Die einzige Species, welche wir von diesem Genus haben; sie könnte fast als eine monströse Varietät von *Cypripedium caudatum* gelten; von dieser differirt sie dadurch, dass sie keine bauchige Lippe, sondern ein langes petaloides Segment anstatt dieser hat. Im Habitus ist sie mit letztgenannter Pflanze genau identisch; sie hat dunkelgrüne, 22,5—30 Cm. lange Blätter; Blumen gross, 2—3 auf einem derben Schaft; Sepalen mit wellenförmigen Rändern von grünlichgelber Farbe, dunkelgrün genetzt und genervt; Petalen, wenn voll entwickelt, 30—60 Cm. lang, rothbraun und behaart.

Die Pflanze ist mehr seltsam als schön und wächst üppig in dem warmen Ende des kühlen Hauses in Gemeinschaft mit *Cypripedium*. Sie gedeiht am besten in einem Topf in einer Mischung von faserigem

Lehm, Torf und Scherben, das Ganze mit einer Lage von lebendem Sumpfmoos bedeckt, in welches sowohl diese als auch die Cypripedien gerne Wurzeln. Die Pflanze bleibt 1 Monat in der Blüthe und muss das ganze Jahr hindurch an den Wurzeln reich mit Feuchtigkeit versehen werden; auch die Atmosphäre des Hauses muss feucht sein. Wenn man die Pflanzen durch Trockenheit in der Atmosphäre oder Mangel an Wasser an den Wurzeln einschrumpfen lässt, so brauchen sie lange Zeit, bis sie sich wieder erholen*.

* Dieses interessante Gewächs ist, wo nicht die prachtvollste, so doch mindestens die eigenthümlichste der bis jetzt bekannten Erdorchideen. Für die Gärten ist sie eine seltene Sehenswürdigkeit, für die Botaniker ein vollkommenes Wunder und für den unternehmenden Cultivateur, welcher sie einführte, ein Gegenstand des gerechtesten Stolzes. Die Charaktere des Typus der Orchidee lassen sich in wenigen Worten ausdrücken: es ist ein *Cypripedium*, dessen Lippe (Labellum) aber nicht wie ein Pantoffel gebildet, sondern in eine Zunge ausgezogen ist, welche je länger desto schmäler wird und sich gleich den übrigen Theilen der Blüthe in Gestalt eines schmalen Bandes nach unten ausdehnt. Die Sepalen sind von gelblichweisser Farbe, die beiden untern in eine verbunden, etwa 15 Cm. lang und mit grünlichen Nerven gestreift. Die Petalen, mit Einschluss der Lippe, dehnen sich beinahe bis zur Länge von 30 Cm. aus, sind blassgelb, an der Innenseite der Basis gestreift, und haben einen Fleck auf den beiden hinteren Zipfeln des herabgedrückten Höckers oder Carunkels, welcher das Gynostemium oder die Fruchtsäule überragt.

Dieses sonderbare Gewächs ist in Neu-Granada einheimisch, wo Linden sie 1843 im Bezirk Chiguara entdeckte, in den kleinen Wäldern der Savannah, welche auf den Cordilleren sich bis zu einer Höhe von ca. 2400 Meter erheben und auf die ungeheuren Urwälder des Maracaybo heruntersehen. Lindley hat sie zuerst nach einem getrockneten Exemplar beschrieben, geblüht aber hat sie zum ersten Male in der grossen Orchideensammlung des Herrn Peskatore auf seinem Schlosse Celle bei St. Cloud.

Das Gesetz des Gleichgewichts in den Organen der Pflanzen offenbart sich in dieser Sippe der Orchideen auf eine solch' merkwürdige Weise, dass es sich wohl der Mühe verlohnt, dies etwas genauer in's Auge zu fassen. Nach einer Grundregel der Symmetrie in ihren Blüthen, sollten die Orchideen ein Verticill von drei Staubgefässen haben, die mit den inneren Theilen ihres Perianthums abwechseln. Nun ist aber in Folge einer normalen Verkümmerung bei den meisten dieser Pflanzen das hintere von diesen Staubgefässen nur in einem Zustande von Fruchtbarkeit vorhanden; die beiden vorderen sind entweder verschwunden oder nur in unfruchtbarem Zustand als Erhöhung oder Hügel auf dem Gynostemium oder der Säule vorhanden. Bei den Cypripedien dagegen (also bei den Gattungen *Cypripedium*, *Uropedium*) wird die hintere Anthere durch eine fleischige Carunkel ersetzt; um aber diese Verkümmerung aufzuwiegen, sind die beiden seitlichen Antheren in einem vollkommenen Zustande vorhanden. Fügen wir der Blüthe mit einem Staubgefäss bei einer Orchidee (der speciellen Gattung *Orchis*) noch die mit zwei Staubgefässen versehene Blüthe des *Uropedium* hinzu, so erhalten wir die mit drei Staubfäden versehene Blüthe des idealen und symmetrischen Typus der Orchideenfamilie, und

1. Zygopetalum maxillare.
2. Masdevallia Harryana
3.   „   ignea.
4. Odontoglossum Pescatorei.

Vanda, Brown.

Dieses superbe Genus enthält viele liebliche und seltene Species, aber es gibt nur zwei, welche für die kühle Cultur geeignet sind. Sie stammen meistens aus Indien und gehören unter die schönsten ausländischen Gewächse.

V. coerulea (Assam). — Eine steifwachsende Species, welche in faserigem Torf, lebendem Sumpfmoos und Scherben gut wächst. Sie gedeiht am besten in einem Korb nahe dem Licht aufgehängt. Ihre Blumen erscheinen während der dunkelsten Periode des Jahres in einblumigen Aehren von blass-malvenfarbigen oder lichtblauen Blumen, 10—20 an der Zahl, oder in seltenen Fällen noch mehr auf einem Schaft. Es ist eine der besten dieser Gattung und jetzt sehr billig. Ihre Blätter werden gerne gelbfleckig; das beste Mittel dafür ist, sie dem Licht auszusetzen, aber kalte Luftzüge abzuhalten. Die Temperatur sollte so gleichmässig als möglich gehalten werden und möglichst frei von plötzlichen Veränderungen sein, dann werden die Blätter selten fleckig werden.

V. teres. — Von ihren Verwandten durch ihr rohrähnliches Blattwerk und durch die Stämme leicht zu unterscheiden. Ihre grossen rosapurpurnen und gelben Blumen erscheinen reichlich auf gut cultivirten Pflanzen von Juni bis August und bleiben 4—6 Wochen in Vollkommenheit. Sie wird häufig als eine spärlich blühende Pflanze betrachtet, aber wenn sie in einem kühlen luftigen Hause gezogen und wenn angewachsen, der vollen Sonne ausgesetzt wird, so werden ihre Blumen reichlich zum Vorschein kommen. Die Pflanze gedeiht am besten in faserigem Torf, Sumpfmoos und Scherben im Topf und ich habe sie auch auf Thekabaum-Klötzen gut gezogen gesehen. Sie stammt von Sylhet und ist, wenn gut gezogen, eine noble Ausstellungspflanze.

a. V. teres Andersoni. — Eine feine Varietät des Normaltypus, welche von einigen als reichblühender betrachtet wird.

Zygopetalum, Rchb.*

Ein Genus, welches eine oder zwei wohlbekannte, im Winter blühende Arten von grossem Werth enthält. Es gibt ungefähr

---

erhalten so auch in der botanischen Arithmetik, wie beim gewöhnlichen Rechnen, aus zwei zu eins die Zahl drei.

Das *Uropedium Lindenii*, dessen Cultur nicht schwieriger ist, als diejenige der meisten Erdorchideen, sollte in keiner guten Sammlung fehlen.

(Anm. des Uebersetzers.)

* Von Zigos, ein Band, und petalon, ein Blumenblatt.

1 Dutzend eingeführte Species und sie wachsen alle gut im kühlen Hause bei reichlicher Luft und Feuchtigkeit während der Wachsthumsperiode. Diese Pflanzen sind mit Huntleyen, Warreanen und Pescatoreen nahe verwandt. Z. *maxilare* und Z. *Mackayi* sind zwei der besten Species des Genus.

Z. *aromaticum* (Mittel-America). — Eine seltene und schöne Species mit 10 Cm. im Durchmesser haltenden Blumen; Sepalen und Petalen weich erbsengrün; die grosse und nahezu herzförmige Lippe ist in der Mitte purpurfarbig und hat einen rein weissen Rand. Die Blume riecht stark. Die Pflanze gedeiht gut im Topf in faserigem Torf und lebendem Sumpfmoos.

Z. *brachypetalum*. — Eine sehr hübsche brasilianische Species mit braunen, grün markirten Sepalen und Petalen, und einer tief violett gefärbten und weiss gestreiften Lippe. Es ist eine sehr hübsche und leicht zu ziehende Pflanze.

Z. *crinitum* (Brasilien). — Stark wachsende Pflanze, welche etwa im November zu wachsen beginnt, mit dicken aufrechten Stengeln, die 5—7 grosse Blumen tragen; Sepalen und Petalen blassgrün und braun gefleckt; Lippe weiss, mit leicht divergirenden, behaarten Linien von ausgesprochen purpurblauer Farbe. .

Z. *Gautierii* (Sct. Catharine, Brasilien). — Diese anziehende Species ähnelt im Habitus etwa Z. *maxillare*, hat aber viel grössere Blumen; diese erscheinen an aufrechten Stengeln, Sepalen und Petalen prächtig grün, stark braun gefleckt; Lippe breit, herz- oder nahezu nierenförmig, rein weiss, der Kamm reich violett-purpurn gefleckt. Nahezu alle Species von diesem Genus haben grüne und braune Sepalen und Petalen; die weisse Grundfarbe der Lippe hat purpurfarbige Markirungen.

Z. *gramineum*. — Eine seltene Pflanze, welche nur in der Collection von Lord Egerton in Tatton Park zu finden ist. Sie hat schmale, grasähnliche Blätter und kurze Stengel, welche 3—4 weisse und purpurfarbige Blumen tragen.

Z. *Mackayi*. — Eine hübsche und wohlbekannte Pflanze, mit zahlreichen langen Blumenähren, welche während der dunkeln Wintermonate erscheinen; Sepalen und Petalen grünlich-gelb, stark dunkelbraun gefleckt; Lippe weiss, violettpurpurn gefleckt und gestreift; die Blumen halten 4—6 Wochen. Die Pflanze wächst am besten in einem Topf in einer Mischung von Torf, Holzkohlen, Sumpfmoos und Scherben; sie verlangt während der Frühlings- und Sommermonate, der Zeit ihres

Wachsthums, viel Feuchtigkeit. Es gibt verschiedene Varietäten von dieser alten Pflanze, welche in Grösse und Farbe ihrer Blumen leicht variiren.

Z. maxillare. — Eine weitere reichblühende Species, die ihre Blumen im Herbst hervorbringt, welche lange Zeit schön bleiben. Ihre Knollen sind viel kleiner als die der vorgenannten und die Blätter sind kürzer und schmäler; Sepalen und Petalen grün, mit braunen schräg laufenden Streifen markirt; Lippe weiss, mit reich purpur gefleckter Basis; gut gezogene Pflanzen tragen 50—100 Blumen zu gleicher Zeit. Dieses schöne *Zygopetalum* gedeiht gut in Sumpfmoos in einem Topf oder auch auf einem Block; jedenfalls verlangt sie gute Begiessungen während des Wachsthums.

Harte oder halbharte Cypripedium.

Es war ursprünglich nicht meine Absicht, harte krautartige Orchideen einzuschliessen; aber da dieses Genus ausnahmsweise seltsam und einige ihrer Species sehr schön sind, so wird man mich entschuldigen, wenn ich von meinem ursprünglichen Plan etwas abweiche. In Herrn Backhouse's Handelsgärtnerei in York blühen wenigstens zwei Species von diesen lieblichen Pflanzen üppig in schattigen Vertiefungen ihres ausgezeichneten Felsengartens. *Cypripedium Calceolus* ist dort in Lehm und Kalksteinen in östlicher, von den Westwinden durch eine Sandsteinfelsenmasse geschützter Richtung gepflanzt. Ich zählte bei einem meiner Besuche mehr als 30 voll entfaltete, zu gleicher Zeit geöffnete Blumen. Ihre noch schönere Verwandte *C. spectabile*, wächst üppig in Torf und Sand und blüht reich. Wenn man sie in Töpfen zieht, so müssen diese in alte Lohe oder in Asche eingesenkt und die Oberfläche des Topfes mit frischem Sumpfmoos bedeckt werden; dies bewahrt nicht nur eine gleichmässige Feuchtigkeit an den Wurzeln, sondern gibt auch den Pflanzen ein nettes und reines Aussehen. Was das Sumpfmoos betrifft, so will ich hier bemerken, dass k e i n Orchideentopf, was immer für eine Mischung er auch enthält, o h n e e i n e L a g e M o o s s e i n s o l l. Es gibt nur wenige Orchideen, welche nicht in lebendem Sumpfmoos wurzeln, und es ist ganz ausnahmsweise, wenn man ungesunden eingeschrumpften Pflanzen begegnet, bei welchen Sumpfmoos reichlich als Decke (Kopfdüngung) benützt wird. Es ist die absolute Lebensbedingung für alle kühlen Orchideen. Ein Missgriff ist es, wenn man die harten oder halbharten Cypripedien während ihrer Ruheperiode staubtrocken hält. Auf ihren einheimischen Plätzen erhalten sie eine reiche Menge Feuchtigkeit während dieser Zeit, und in der Cultur sollte die Mischung, in der sie gezogen, mässig feucht gehalten werden. Die schlechteste Behandlung, welche diese Pflanzen erhalten können ist, sie so trocken wie Staub werden zu lassen und dann sie auf einmal mit Wasser zu überschwemmen. Dass die harten Orchideen gut gezogen werden können, wurde durch Herrn Needle, Gärtner bei dem Grafen von Paris in Twickenham hinlänglich gezeigt, und ich hoffe auch von Anderen zu hören, dass sie sich zur Cultur dieser lieblichen Species entschliessen, welche aus Nordamerica, vom Cap der guten Hoffnung und vom Süden von Europa zu uns kommen.

Auf ihren einheimischen Standorten werden die meisten harten Orchideen dicht auf feuchtem Moos unter Gräsern und Binsen, oft in schwammigen Morästen, Sümpfen oder anderen unter Wasser stehenden Orten wachsend gefunden. Bei uns wurde bisher selten ein Versuch gemacht, sie in ähnlichen Positionen zu ziehen. Man pflanze sie in eine vor der brennenden Mittagssonne geschützte schattige Lage, unter Moos und Kräuterwerk, deren enge Nachbarschaft ihren Wuchs befördert; diese verhütet nemlich eine unverhältnissmässige Ausdünstung, nicht nur aus dem Boden in welchen sie gepflanzt werden, sondern auch von den Pflanzen selbst. Ich habe hier eine Liste von Lindley's Synopsis von allen harten Species von *Cypripedium*, welche mir bekannt sind, beigefügt, wovon viele mit ihren tropischen Verwandten an Schönheit rivalisiren. Wenn unsere Felsen-, Sumpf- oder Moorgärten zur volleren Würdigung kommen, so können wir hoffen, diese Pflanzen in gesunder Kraft blühen zu sehen, auf schattigen, feuchten Winkeln und Ecken in unseren Gärten in Gemeinschaft mit Pinguiculen, Droseren und ohne Zweifel der californianischen Kannenpflanze (*Darlingtonia californica*), *Sarracenia purpurea* und vielleicht wird auch *Dionaea muscipula* ihre Gesellschaft in den südlicheren Ländern Europa's ertragen.

Harte Cypripedien.

C. Calceolus. (Europa). — Diese Species wird von Zeit zu Zeit im Norden von England gefunden und ist eine der seltensten von unseren einheimischen Wildlingen, mit einzelnstehenden Blumen. Sepalen und Petalen purpurn genervt; Lippe rein gelb, innen mit orangescharlachrothen behaarten Linien markirt*.

C. parviflorum (America). — Stämme 1—2 blumig; Sepalen purpurn mit dunkleren Nerven, Petalen linear, seltsam gedreht gleich einem Pfropfzieher; Lippe gelb, concav oder vornen niedergedrückt.

---

* In Waldungen in Osteuropa und russisch Asien bis zum Polarkreis; auf Kalkboden; an den schweizer und süddeutschen Alpen bis zu 2000 Meter, nördlich zerstreut bis zum Harz und bis Stettin. Blüht vom Mai bis Juni. (D. Uebers.)

Ein Blumenfreund sagt über die Cultur des *Cyp. Calceolus* folgendes: „Ich fand vor mehreren Jahren Ende Mai in einem Bergwalde einige blühende Exemplare dieser schönen Orchidee, stach sie vorsichtig mit einem Ballen aus und setzte sie in meinen Garten an eine schattige, geschützte Stelle am Saume eines Lustgehölzes und gab ihr lockern, mässig feuchten Boden. Trotzdem gingen mir 3 davon im darauffolgenden Winter zu Grunde, obschon sie den ganzen Sommer hindurch gut vegetirt hatten. Ich suchte nun wieder einige zu bekommen, war jedoch mit dem Ueberwintern derselben nicht glücklicher. Sie gingen bis auf eine ein. Mit drei anderen, die ich im Herbste eingetopft hatte, war ich nicht glücklicher, sie verdarben mir trotz aller Pflege und trotz der Einsenkung der Töpfe in die Rabatte eines Kalthauses. Ich fand also, dass die gewöhnliche Cultur als Freilandpflanze nicht genügte und dachte, dass, da diese kleine Pflanze meist am Saume der Wälder oder unter kleinen Laubbäumen gefunden werde, sie den winterlichen Schutz nur der Laubdecke des Bodens verdanke. Ich bedeckte daher im Spätherbst meine paar Pflanzen je mit einigen Händen voll dürren Laubes, und belegte dieses mit einigen Steinen, damit der Wind das Laub nicht hinwegfege. Im darauffolgenden Frühling, etwa um die Mitte April, deckte ich sie wieder auf und fand dass die Pflanzen bereits mehrere junge auskeimende Triebe zeigten. Ich nahm daher die Steine hinweg, und liess den Wind das Laub beliebig davonführen; hierauf nahm ich mit grosser Vorsicht rings um jede Pflanze herum den Boden ungefähr drei Zoll tief hinweg und ersetzte ihn durch ein Gemisch von Rasenlehm, frischer Heide- und Lauberde. Einige Wochen später belohnte sich meine Mühe durch ungefähr zwanzig schöne hohe Blüthenschäfte, welche meistens zwei bis drei grosse schöne nickende Blumen zeigten, deren vier grosse wellenförmig gebogene braunrothe Kelchblätter und gelbe bauchige Lippe von Schuhform weit schöner und vollkommener waren als bei denjenigen Exemplaren, die ich im Freien blühend gefunden hatte. Ich wiederholte daher im vorigen Herbst dasselbe Verfahren und da ich mich erinnere, dass ich die schönsten meiner freiwillig blühenden wilden Cypripedien auf Kalkboden gefunden hatte, so gab ich in diesem Frühling der frischen Erde, womit ich die Alte ersetzte, etwas Schutt von dem alten Kalkbewurf einer Hauswand bei und hatte in Folge dessen noch eine reichere Blüthe, so dass ich hoffen darf, nun die richtige Behandlung gefunden zu haben."

Von dieser Species sind die Blumen dunkler gefärbt als bei der nächstfolgenden, welcher sie sonst einigermassen ähnlich ist.

C. pubescens (Nordamerica). — Blumen gewöhnlich einzeln; Sepalen und Petalen gelb, roth gestreift; die letzteren linienförmig und gedreht; Lippe rein gelb, vornen concav.

C. guttatum (Nord-Russland, Sibirien und Nordamerica). — Eine seltene, aber liebliche kleine Pflanze; Stamm mehrere Centimeter hoch, zweiblättrig; Blumen einzeln, perlweiss, purpurroth gefleckt und getupft.

C. macranthum (Sibirien). — Blumen rosenfarben mit tiefer gefärbten Nerven; Lippe rund aufgeblasen mit tiefer gefärbtem Genetz.

C. ventricosum (Sibirien). — Diese ähnelt sehr viel der letzteren Species, aber die Petalen sind schmäler und länger als die Lippe und die ganze Blume ist viel tiefer rosa-purpurn.

C. spectabile (Nordamericanische Wälder). — Syn. *C. album*, *C. reginae*, *C. hirsutum* und *C. canadense*. Eine der edelsten und schönsten der ganzen Familie, namentlich rivalisirend mit *C. niveum* von der tropischen Section in Zartheit der Färbung; Sepalen und Petalen rein weiss; Lippe weiss, prächtig rosa angehaucht; Blumen einzeln oder paarweise stehend.

C. acaule (Nordamerica). — Syn. *humile*. Stengellos; alle anderen hier benannten sind mit beblätterten Stengeln versehen. Blätter zwei, wurzelständig; der Blumenstengel erscheint im Centrum und trägt eine einzige Blume mit einer grossen, aufgeblasenen, rosapurpurnen, vornen niedergedrückten Lippe.

C. arietinum. — Stamm mit 3—4 lanzettförmigen Blättern und oben mit einer kleinen Blume mit schmalen Sepalen und Petalen; Lippe stumpf gespitzt, wollig an ihrem oberen Theil, weiss, rosa gefleckt.

C. Irapeanum (Pelicanblume). — Blume denen von *C. spectabile* in der Form ähnlich, aber grösser und von prächtig rein goldgelber Farbe. Die Lippe ist ziemlich tiefer gefärbt als die anderen Segmente und prächtig roth gefleckt; sie erinnert stark in der Form und den Markirungen an eine grossblumige krautartige *Calceolaria**.

---

* Das in Ober-Mexico's Savannen einheimische *Cyp. Irapeanum* hat stets zwei Perioden durchzumachen; die der Trockenheit und die der Feuchtigkeit. Während der ersten verliert es unter dem Einfluss der sengenden Sonnenstrahlen der Tropen und der Trockenheit des Bodens ihre Blätter und ihre Stämme. Dies ist die Ruhe-

C. montanum (Nordamerica). — Stämme 2—3 blumig; Sepalen zugespitzt, 5—7,5 Cm. lang; Lippe weiss, von der Grösse und Form derjenigen von *C. spectabile*, die längeren Segmente machen sie aber unterscheidbar.

C. passerianum (Nordamerica; syn. *C. parviflorum*, Richardson). — Lindley beschreibt diese Species als näher verwandt mit zeit. Sobald die Regenzeit eintritt, beginnt es neu zu wachsen und sich nach Art und Weise unseres einheimischen *C. Calceolus* zur Blüthe vorzubereiten.

Herr Funk, der diese Pflanze auf ihrem natürlichen Standorte beobachtet hat, sagt: „Dieses *Cypripedium* wächst in Mexico in einer Höhe von 900—1200 Meter auf den südlichen Abhängen in einem röthlichen und compacten Thon. Ihre fleischigen, mit einem dichten Flaum versehenen 7—10 Cm. dicken Wurzeln, dringen tief in den Boden ein. Oberhalb des Thonbodens befindet sich eine 5—7 Cm. dicke Schicht guten Humus. Die Pflanze wächst immer ganz frei und zwar vorzugsweise auf abschüssigen Savannen mit einer Temperatur von + 18—20° Cels. Wenn ich mich nicht irre, verliert sie während der trockenen Saison ihre Blätter und selbst ihre Stengel." (Ist ganz richtig!)

Mit einer so klar gegebenen Anweisung ist es leicht möglich, sie gut cultiviren und erhalten zu können. Warum ist sie, obschon so oft in Europa eingeführt, immer wieder verloren gegangen? Weil man sie wie die immergrünen Species behandelt und die Einführer es unterliessen, ihre von der anderer Species dieses Geschlechts völlig abweichenden Lebensweise anzugeben. Wenn die Pflanzensammler ihre Sendungen mit so klaren Notizen begleitet hätten, wie dies Herr Funk gethan hat, so hätte es weder Zweifel noch Irrungen geben können.

Ich würde dieses *Cypripedium* in einen 45—50 Cm. oben breiten und eben so tiefen, mit einer dicken Lage von Scherben und grobem Kies versehenen Topf pflanzen und eine Mischung dazu nehmen, welche aus gleichen Theilen Rasenerde und Holzstückchen bestünde; und zwar würde ich solche Holzstückchen dazu nehmen, wie die sind, von welchen die Waldameisen ihre Haufen bilden. Diese Ameisenhaufen bieten, nebenbei bemerkt, eine ausgezeichnet fettige Substanz, der ich mich bei der Cultur sämmtlicher Orchideen bediene. Die Wurzeln wären gut zu vertheilen und so dick mit Erde zu bedecken, dass die Rhizome, aus welchen die Stengel ausgehen, noch 10—12 Cm. über sich haben würden.

Das Versetzen würde ich im Herbst vornehmen, d. h. wenn der Trieb beginnt. Die Pflanze käme dann in's temperirte Haus auf ein südlich angebrachtes Brett in die volle Sonne. Sobald die Blumen sich öffnen, dürfte es angezeigt sein, den Topf in ein Zimmer oder an eine schattige Stelle des Kalthauses zu bringen, um die Blüthezeit, die vom Juni bis August, also fast 2 Monate währt, zu verlängern. Sobald die Blumen zu welken beginnen, würde ich das Begiessen allmählich vermindern, um die Stengel abtrocknen zu lassen, so dass die Erde vom November bis März trocken bliebe. Um diese Zeit würde ich sie wieder frisch versetzen. Diese lange Ruhe dürfte die Erhaltung der Pflanze sichern, indem sie dem Rhizome erlaubt, eine vollkommene Reife zu erlangen. Mit einem Wort, das *Cypripedium Irapeanum* verlangt die Behandlung der Gesneriaceen mit einer Temperatur von + 5—10° Cels. während der Ruhezeit, und von 18—20° während des Sommers, der Epoche ihrer Vegetation.

(Comte du Buysson in Illustration horticole.) (Der Uebers.)

C. spectabile als irgend eine andere nordamericanische Pflanze, aber ihre Blumen sind manchmal kleiner, und die Front-Sepale ist überdies zweizähnig.

C. cordigerum (Nord-Indien). — Von dieser spricht Lindley wie folgt: „Wenn diese Species keine weissen Blumen mit blassgrünen Sepalen und Petalen hätte, so würde ich keinen Zweifel hegen, dass sie blos eine Varietät von *C. Calceolus* sei, von welcher ich sie durch kein hinlänglich ausgeprägtes Merkmal im Bau unterscheiden kann. Ich denke, wenn sie weiter untersucht wird, so wird man finden, dass sie mit *C. Calceolus* verschmilzt, welche bereits in Taurien gefunden wurde, und welche, wenn Thunberg's *C. Calceolus* richtig benannt ist, sich bis Japan ausbreiten muss."

C. candidum (Nordamerica). — Diese Species wurde neulich im „Botanical Magazine", Taf. 5855, abgebildet; es ist eine kleine, weissblühende Art, nicht so schön wie manche ihrer Verwandten, aber werth, in eine allgemeine Sammlung aufgenommen zu werden.

C. palmifolium. — Diese seltsame, hoch wachsende Species habe ich nicht gesehen. Ihre Stämme wachsen über einen Meter hoch und ihre Blätter sind in der Textur denen von einer *Sobralia* oder Palme ähnlich, wie es ihr specifischer Name schon anzeigt. Ich glaube diese Species war schon vor Jahren nach Kew eingeführt, aber sie ist wahrscheinlich jetzt nicht mehr in Cultur, eine Bemerkung, welche auf verschiedene der oben angeführten Species anwendbar sein dürfte.

Cypripedium.

I. Blumenstengel vielblättrig.

1. Lateral-Sepalen stets verwachsen.

C. parviflorum, C. pubescens, C. candidum, C. spectabile, C. molle, C. palmifolium.

2. Lateralsepalen nur an ihren Spitzen frei.

C. Calceolus, C. cordigerum, C. montanum, C. passerianum, C. Irapeanum, C. macranthum, C. ventricosum.

3. Sepalen ganz frei.

C. arietinum.

II. Blumenstengel zweiblättrig.

C. guttatum.

III. Stengellose Species.

Blätter alle wurzelständig.

C. (acaule) humile.

Synopsis aller bisher bekannten Cypripedien.

Alle die verschiedenen Species, sowohl harte als zarte, welche zu dem Genus *Cypripedium* gehören, sind Lieblingsgartenpflanzen. Sie sind weit zerstreut in beiden Hemisphären und wachsen unter verschiedenen climatischen Verhältnissen: im Norden von Europa, in Süd- und Nordamerica, Japan, Indien, auf Borneo und den Phillipinen. In der ganzen Familie der Orchideen ist vielleicht kein Genus, welches einen grösseren Umfang hat. In botanischer Beziehung unterscheiden sich die Cypripedien, mit Ausnahme von *C. arietinum*, von anderen Orchideen durch ihre vollentwickelten Antheren, durch die verwachsenen Lateralsepalen und durch die pantoffelähnliche Lippe. Eine ziemlich wohlmarkirte Abtheilung, zu der alle Species vom tropischen America gehören, wurde von Reichenbach Sohn als ein besonderes Genus — *Selenipedium* — aufgestellt; in den folgenden Notizen habe ich aber alle Species unter dem älteren und gekannteren Namen *Cypripedium* gruppirt. Die vielen Species von *Cypripedium* sind eben so verschieden unter einander in Habitus und Wuchs als in ihrer geographischen Verbreitung; alle harten und einige von den tropisch-americanischen zarten Arten sind strikte Erdorchideen; andere wurden auf der Oberfläche von sonnig gelegenen Kalksteinfelsen in Moulmein und Burmah, auf welchen sie fest angeklammert waren, gefunden; während *C. Lowii* zu einer Gruppe gehört, welche strikt epiphytal ist. Die Cultur aller Garten-Species ist keineswegs schwierig, nur bei den nordamericanischen und sibirischen Arten ist gerade das Gegentheil der Fall, denn gar vielen ist es nicht gelungen die Pflanze zur Blüthe zu bringen, ausgenommen das erste Mal nach ihrer Einführung. Die besten Resultate wurden mit *C. spectabile*, *C. humile* und *C. pubescens* erzielt, während die Herren Backhouse in ihrer

Gärtnerei zu York gute Erfolge mit den schönen und seltenen *C. guttatum* und *C. Irapeanum* hatten; dort gedeiht auch die britische Species *C. Calceolus* — wie schon früher erwähnt — an Felswerk sehr gut.

Vermehrung.

Alle Species sind stammlose Pflanzen und leicht durch Zertheilung gut bewurzelter Massen zu vermehren; solche Triebe geben bald blühende Pflanzen. Verschiedene schöne neue Hybriden wurden von den Herren Dominy, Seden und Cross gezüchtet; nach dem letzteren ist eine von den Hybriden benannt. Andere Züchter, mit Einschluss von Herrn Pilcher, Gärtner bei Rucker in Wandsworth, haben von der edlen kleinen *C. Schlimmii* Sämlinge gezogen; sie sollen aber nur wenig von den Mutterpflanzen variiren. Um Samen zu erhalten ist es nöthig, die Oberfläche der Narbe einer Blume mit dem klebrigen, honigähnlichen Pollen einer anderen Blume derselben Pflanze oder von einer separaten Species, wenn eine Hybride gewünscht wird, zu befruchten. Die Oberfläche des Stigma's ist bei diesem Genus durch die eingebogenen Ränder der Lippe verborgen; es ist gewöhnlich ein dicker, derb gestalteter, elfenbeinähnlicher Auswuchs, gerade unter der breiten, schildähnlichen, sterilen Anthere oder Staminode. Man drückt die Lippe abwärts und bringt den Pollen mit der Spitze eines Pinsels oder Zahnstochers darauf. Der Same ist so fein wie Mahagony-Sägemehl und sollte, sobald er reif ist, auf die Oberfläche von lebendem Sumpfmoos gesäet werden, welches in einem mit faserigem Torf gefüllten Topf ganz fest sitzen muss. Nach der Saat bedeckt man den Topf theilweise mit einer Glasglocke, die man etwas lüftet, damit die freie Luftcirculation nicht gehindert wird. Diese letztere Vorsicht ist umsomehr nothwendig, wenn die jungen Sämlinge aufgehen, weil das die kritische Periode in ihrem Wachsthum ist, über welche Tausende von Sämlingen nicht hinauskommen. Wenn sich die Sämlinge entwickeln, so können sie einzeln eingetopft und wie die erwachsenen Pflanzen behandelt werden.

Cultur der zarten Species.

Diese sollen in eine frische, durchlassende Mischung gepflanzt werden, bestehend aus faserigen Torfbrocken, welche man in Taubeneier-grosse Stücke zerbricht, $1/5$ entweder trockene Pferdeäpfel oder Kuhfladen, welche im Sommer wenn sie trocken sind, auf Hutweiden gesammelt und auf heisse Platten gebracht werden sollten, damit die sich darin aufhaltenden Insecten getödtet werden. Ein wenig torfhaltiger Lehm kann hinzugefügt werden; bei den meisten robust wachsenden Species kann man noch gut gewaschenen Sand oder Kies dazu geben, damit das Ganze porös wird. Die Töpfe oder Schüsseln etc., in welche die Pflanzen gebracht werden, sollen gut gewaschen werden, und durch und durch trocken sein, wenn sie gebraucht werden; diese Bemerkung gilt auch bezüglich der Scherben, welche zur Drainage dienen. Die Cypripedien verlangen übrigens nicht so viel Drainage als viele andere Orchideen; wenn ungefähr $1/3$ der Tiefe des Topfes oder der Schale mit Scherben gefüllt ist, so genügt das vollständig. Man legt eine dünne Schichte von frischem Moos oder grobe Torffasern auf die Scherben, um zu verhüten, dass die feinen Theile des Compostes unter die Drainage geschwemmt werden. Der Hals der Pflanze soll beim Versetzen mit dem Topfrand in gleiche Höhe gebracht und die Oberfläche mit frischem Sumpfmoos bedeckt werden; letzteres muss regelmässig gespritzt werden, damit es so üppig wie möglich wächst. Alle Species verlangen während des Wachsthums, sowohl oben als an den Wurzeln viel Feuchtigkeit, und man sollte sie niemals trocken werden lassen, da sie gleich vielen anderen stammlosen Orchideen keine ausgesprochene Ruhezeit haben. Während der Sommer-, Frühlings- und Herbstmonate sollten sie alle regelmässig Morgens und Abends gespritzt werden; eine mässige Ueberthauung zu Mittag bei besonders heissem Wetter wird gesunden, frischen und saftigen Wuchs befördern, der die Augen des praktischen Züchters so sehr erfreut. Vor heissem Sonnenschein müssen sie sorgfältig geschützt und es muss für reiche Ventilation gesorgt werden; letztere ist zu ihrem Wohlsein wesentlich nothwendig, nur muss man die Pflanzen vor schneidender Zugluft bewahren. Alle diese Pflanzen sind mehr oder weniger den Angriffen der Insekten unterworfen, besonders wenn sie durch irgend eine Unregelmässigkeit in der Behandlung gelitten haben. Thrips, rothe Spinne und Blattläuse müssen besonders im Orchideenhause durch häufigen Gebrauch der Spritze und reicher Circulation der Luft, ferne gehalten werden. Wenn aber Thrips etc. einmal aufgetreten sind, so vertilgt man sie auf einmal durch wiederholte Räucherungen mit Tabak. Es ist besser, wenn man 2—3 Abende nach einander mässig räuchert als wenn man Gefahr läuft, durch einmaliges starkes Räuchern das Blattwerk zu verbrennen. Wenn die Pflanzen von Zeit zu Zeit mit reinem lauem Wasser überspritzt werden, so wird dies wesentlich dazu beitragen, dass sie von Insekten und Staub rein bleiben. Manche empfehlen den Gebrauch von schwachem flüssigem Dünger wenn die Pflanzen zu treiben beginnen, aber Anfänger thun besser, wenn sie solche Applicationen vermeiden. Viele Species wachsen in einem mässig warmen Kalt- oder temperirten Haus, oder auch in einem Cattleyen-Haus gut, aber *C. Stonei, C. laevigatum, C. concolor, C. niveum* und noch eine oder zwei andere, gedeihen am besten in der warmen feuchten Atmosphäre eines Warm- oder ostindischen Hauses. Dem hübschen kleinen *C. Schlimmii* behagt es am besten in einem kühlen Hause in Gesellschaft von Disen und Odontoglossen; sie verlangt sorgfältige Aufmerksamkeit in Verhinderung der Angriffe des Thrips, welcher eine besondere Vorliebe für das frische saftige Blattwerk zu haben scheint.

Cultur der harten Species.

Diese Section ist kaum weniger schön als diejenige, welche die tropischen Species umfasst, von welcher die harten Arten durch ihren krautartigen Habitus leicht unterscheidbar sind. Eine der reizendsten und kräftigsten der ganzen Gruppe ist die weissblühende, mit rosiger Lippe versehene *C. spectabile; C. pubescens* und *C. humile* gedeihen besser als irgend welche andere, mit Ausnahme von *C. Calceolus*. Die meisten gedeihen ziemlich gut 1—2 Jahre lang in einer kühlen, feuchten, torfigen Mischung, und wenn in Töpfen gezogen, so sollten sie in einem kalten, nördlich gelegenen Kasten eingesenkt und vor der Mittagssonne geschützt werden. *C. spectabile* kann in eine mit Torf und Lauberde gefüllte Rabatte ausgepflanzt werden, wo sie Jahre lang sich halten und blühen wird, wenn man sie kühl und an den Wurzeln feucht hält. *C. Calceolus* andererseits zieht einen strengen, kalkhaltigen Lehmboden in östlicher Lage, beschützt vor rauhen Winden und vor der Sonne, vor. Wenn diese harten Cypripedien in Töpfen gezogen werden, so müssen die Töpfe, wie schon erwähnt, gut drainirt sein, und wenn sie jeden Morgen gespritzt werden, so ist es um so besser. Die Oberfläche des Topfes muss mit frischem grünem Moos belegt werden, um die Ausdünstung der Erde zu verhindern. Eine solche Decke hält auch die Erde kühl, da sie ein schlechter Wärmeleiter ist.

Die Wurzeln darf man niemals trocken werden lassen, sogar im Winter nicht, ein Missstand, welchem, wie ich fürchte, der Verlust von vielen dieser interessanten Pflanzen zuzuschreiben ist. Im Jahre 1842 wurde eine Sammlung von diesen harten Species in eine mit Torf gefüllte Rabatte im Freien an die Rückwand eines Erikenhauses gepflanzt und während des Winters und Frühlings durch ein 6—8 Cm. dickes Lager von Sumpfmoos beschützt.

Ich werde hier eine einfache Beschreibung der Species mit einigen Einzelnheiten geben, welche den Züchtern von Nutzen sein können.

I. Harte und weiche Cypripedien.

Meist krautartig; Blumenstengel beblättert; Blätter dünn, genervt.

Lippe gelb; § Petalen linear.

1. *C. Calceolus.* — Petalen nicht spiralförmig gedreht; tief purpurfarbig.
2. *C. parviflorum.* — Lippe vornen herabgedrückt (abwärts geneigt); Petalen gedreht; Blumen wohlriechend.
3. *C. pubescens.* — Lippe vornen convex; Blumen geruchlos.

Lippe gelb; § Petalen länglich.

4. *C. Irapeanum.* Blumen ganz, gelb; Blumen 10 Cm. im Durchmesser.

Blumen rosa gefärbt; § Petalen länglich.

5. *C. macranthum.* — Petalen kürzer als die aufgedunsene Lippe.
6. *C. ventricosum.* — Petalen länger als die Lippe; Blumen viel tiefer gefärbt.

Lippe rosa; § Sepalen und Petalen weiss.

7. *C. spectabile.* — Sepalen und Petalen nicht gefleckt; Stengel 30—60 Cm. hoch; 3—5 blättrig.
8. *C. guttatum.* — Sepalen und Petalen gefleckt; Stengel 10 bis 15 Cm. hoch; nur zweiblättrig.

Lippe weiss; § Sepalen und Petalen grün und roth.

9. *C. candidum.* — Lippe reinweiss; Sepalen und Petalen grün, braunröthlich gestreift.

Lippe weiss und rosa; § Lateral-Sepalen frei.

10. *C. arietinum.* — Lippe weiss, mit prächtig Rosa gescheckt, die unteren Sepalen nicht zusammenhängend.

Lippe rosa; § Blätter zwei, wurzelständig.

11. *C. acaule.* — Lippe gross, rosapurpurn, vornen gefurcht, Blumenstengel nicht beblättert.

12. *C. palmifolium.* — Dies ist eine hochwachsende Species und gegenwärtig nicht in der Cultur. — *C. cordigerum*, Nord-Indien. Lindley betrachtet sie als eine weissblühende Form von unserer *C. Calceolus*, einer weit verbreiteten Species, welche in Europa, in Taurien und nach Thunberg auch in Japan gefunden wird.

C. passerianum. — Ist in Hooker's „Flora of North America," Taf. 206 abgebildet und beschrieben; es ist eine von Richardson's Species, welche mit seiner *C. parviflorum* synonym und in „Franklin" Anhang, 340 beschrieben ist. — *C. montaneum* ist eine andere nordamericanische Species; sie hat eine weisse, aufgedunsene, dem *C. spectabile* ähnliche Lippe und nahezu 8 Cm. lange schmale Sepalen. Alle hier genannten Cypripedien sind wenig bekannte terrestriale Species und wahrscheinlich gegenwärtig noch nicht in der Cultur.

II. Weiche, empfindliche Cypripedien.

Blätter lederartig, wurzelständig, zweireihig, dauernd; Blumenschaft blattlos, ein- oder vielblumig.

Blattwerk bunt.

13. *C. venustum.* — Lippe bronzefarbig, mit tiefgrünen Nerven.
14. *C. concolor.* — Schaft 1—2 blumig; Blumen blassgelb.
15. *C. niveum.* — Blumen weiss, mit purpurnen Flecken.
16. *C. javanicum.* — Lippe olivengrün, nicht genervt.
17. *C. barbatum.* — Lippe tief purpurn, Petalen mit glänzend behaarten Warzen längs ihrer oberen Ränder.
18. *C. argus.* — Blumen an langen Schäften, gleich *Hookerii*; Petalen 6 Cm. lang, reichlich mit augenähnlichen Flecken besetzt.
19. *C. purpuratum.* — Blumen auf 40 Cm. hohen Schäften; obere Petalen nicht gestreift, Variegation sehr distinkt.
20. *C. purpuratum.* — Dorsal-Sepalen mit zurückgerollten Rändern.
21. *C. superbiens.* — Petalen 8—10 Cm. lang, weiss, grün gestreift, dunkelbraun gefleckt.
22. *C. Dayanum.* — Petalen weiss und purpurn genervt, nicht gefleckt.

Grünblättrige; Blumen einzeln stehend.

23. *C. insigne.* — Obere Sepalen grün und weiss, braun oder purpurn gefleckt.

24. *C. villosum.* — Die ganze Blume von warm brauner Farbe, glänzend als ob sie mit Firniss überzogen wäre.

25. *C. hirsutissimum.* — Petalen an der Basis grün, reichlich braun-purpurn gefleckt und an der Spitze leicht gedreht.

26. *C. Fairieanum.* — Petalen gleich einem S abwärts gebogen; obere Sepalen stark purpurfärbig gestreift.

Grünblättrige; mehrere Blumen auf einem Schaft.

27. *C. Lowii.* — Schaft 60—90 Cm. lang; 3—5 blumig; Petalen purpurn und gelb, 8—10 Cm. lang, an der Basis braun gefleckt.

28. *C. Schlimmii.* — Blumen klein, weiss, mit rosenfarbiger Lippe; Petalen zuweilen tief Rosa gefleckt.

29. *C. caudatum.* — Petalen linienförmig gedreht, ca. 38 bis 40 Cm. lang.

30. *C. Stonei.* — Petalen zungenförmig gedreht; Schaft, Sepalen und Ovarium glatt.

31. *C. laevigatum.* — Schaft, Sepalen und Ovarium behaart.

32. *C. caricinum.* — Blätter grasähnlich; Blumen grünlich; Petalen 8—10 Cm. lang, gleich einem Pfropfzieher gedreht.

33. *C. glanduliferum.* — Petalen spitz, mit 2—3 behaarten Drüsen besetzt.

34. *C. Parishii.* — Petalen an den Spitzen stumpf und gleichfalls mit behaarten Drüsen besetzt.

35. *C. longifolium.* — Blumen grün und purpurfärbig, selten mehr als eine zu gleicher Zeit offen, mit 8 Cm. langen Bracteen.

36. *C. Roezli.* — Aehnlich wie die vorstehende; Petalen purpurfärbig, Blätter zweimal so breit.

Es gibt noch verschiedene zu dieser Section der Gruppe gehörende hybride Formen und ich habe gedacht, es sei am besten, wenn ich dieselben mit ihren Eltern in Klammern hier anführe. Sie sind in den meisten Fällen mittelständig zwischen beiden.

C. Sedeni (C. longifolium gekreuzt mit *C. Schlimmii).* — Blumen tief rosa, 8 Cm. im Durchmesser; Lippe hochroth, innen weiss, rosa gefleckt.

C. Harissianum (C. barbatum × *villosum).* — Die Blumen glänzend als wenn sie gefirnisst wären; Blattwerk bunt.

C. vexillarium (C. Fairieanum × *C. barbatum).* — Blumen ähnlich wie die von *Fairieanum;* Blattwerk gleich dem von *barbatum* bunt.

C. Domini (C. caudatum × *C. Pearcei).* — Grossblühende Varietät mit langen Petalen gleich denen von *C. caudatum.*

C. Ashburtoniae (C. insigne × *C. barbatum).* — Blattwerk leicht bunt; Blumen den von *C. insigne* ähnlich aber ohne Flecken. Das Produkt von dieser Kreuzung variirt sehr, das Blatt von einigen Sämlingen ist nahezu grün, während es bei anderen so stark markirt ist, wie bei *C. barbatum.*

I. Harte und weiche Cypripedien.

C. Calceolus (gemeiner harter Frauenschuh). — Dies ist eine der vortrefflichsten und auch eine der schönsten von unseren einheimischen Orchideen.

C. parviflorum (kleinblühender Frauenschuh). — Diese Pflanze wurde mehr als zweimal zu der vorgenannten Species verwiesen, von welcher sie aber bei genauer Betrachtung wirklich verschieden ist; sie ist dieser in Habitus und Grösse zwar ähnlich, aber die Lippe ist grösser und distinkter, flacher vornen und die Blumen riechen delikat. Die Petalen sind reich chocoladebraun, während die schlanken, wogigen oder gedrehten Petalen an der Basis grün und dunkelbraun gestreift und gefleckt sind. Die Lippe ist rein gelb, mit einer Reihe von hochrothen oder röthlichen Flecken um die Mündung. Die Blätter sind frisch apfelgrün, und die Pflanze ist, obgleich in den besten Sammlungen noch selten, der Einführung und sorgfältiger Cultur wohl werth; sie ist in Canada einheimisch.

C. pubescens (behaarter Frauenschuh). — Eine reichwachsende Species, von der sowohl der Stengel als das Blattwerk behaart ist. Sie ist von beiden vorgenannten Species sehr verschieden und gedeiht gut im Topf in einem schattigen kalten Kasten. Die Sepalen sind rahmgelb und prächtig roth gestreift, während die Lippe eine rein goldige Färbung hat. Die Blume erinnert in der Gestalt an die von *C. Calceolus*, aber sie ist von dieser Species leicht unterscheidbar durch die gelben Sepalen und gedrehten Petalen und auch durch die Blume, welche geruchlos ist. Die Pflanze ist in Nordamerica einheimisch und in guten Sammlungen allgemein zu finden. Sie führt auch die Namen *C. Calceolus* Walt. und *C. flavescens* Red. — (Loddiges Cab., t. 895. Bor. Amer., t. 266; Sweet Fl. Garden 71.)

C. Irapeanum (Pelicanblume). — Sehr schöne grossblühende Species, die in unsere Gärten neulich wieder eingeführt wurde von Herrn

Backhouse in York, bei welchem sie auch geblüht hat. (Bot. Reg. 32, t. 58; Flore des serres, 3, t. 186.)

C. macranthum (grossblumiger Frauenschuh). — Diese seltene Pflanze wurde schon oft eingeführt und doch weiss ich nicht ob sie gegenwärtig in der Cultur ist. Sie wächst 15—30 Cm. hoch und trägt eine oder zwei rosapurpurfarbige Blumen an den Spitzen der Stengel. Die Petalen sind gestreift und die bauchige Lippe ausgeprägt mit dunklen Nerven genetzt. Die Pflanze ist in Sibirien einheimisch und ist der allgemeinen Cultur wohl werth. (Bot. Reg. 18, 1534; Bot. Mag. 56, t. 2938.)

C. ventricosum (bauchiger Frauenschuh). — Eine rosapurpurfarbig blühende Species, welche der vorstehenden in der allgemeinen Erscheinung viel ähnelt, aber durch die Petalen, welche kürzer sind als die Lippe (eine sehr gewöhnliche Erscheinung bei diesem Genus), leicht zu unterscheiden sind. Die Lippe selbst ist gleich der von *C. macranthum* gestaltet, hat aber eine viel tiefere Färbung. Stammt von Sibirien. (Sweet, Fl. Garden, II, t. 1; Rchb. Fl. Germ. 13, t. 497.)

C. spectabilis (ansehnlicher Frauenschuh). — Eine der schönsten von den harten Species, welche gut gedeiht, wenn sie in eine kühle torfige Mischung gepflanzt und vor der Mittagssonne geschützt wird. Es ist auch eine hübsche Topfpflanze, muss aber in einem kühlen und theilweise beschatteten Kasten eingesenkt werden. Die Stengel werden 30—45 Cm. hoch und tragen an ihrer Spitze eine oder zwei grosse Blumen; sowohl die Blätter als die Stengel sind mit kurzen, weissen seidenartigen Haaren besetzt; die ca. 8 Cm. im Durchmesser haltenden Blumen sind perlweiss, die gerundete Lippe um die Mündung prächtig rosa überzogen. Die Pflanze stammt aus Nordamerica und sollte in jeder Sammlung von Feuchtigkeit liebenden harten Pflanzen gezogen werden. Sie ist auch bekannt unter den Namen *C. album* Ait., *C. Calceolus* Linn., *C. canadensis* Michx., *C. hirsutum* Mill., und *C. Reginae* Walt. (Linn. Trans. I, 3; Bot. Reg. 20, 1666; Sweet, Fl. Garden, 240; Woosters Alp. Pl., t. 1.)

C. guttatum. — (gefleckter Frauenschuh). — Diese charmante kleine Pflanze ähnelt im Habitus *C. acaule*, hat aber schneeweisse purpurgefleckte Blumen. Sie wurde in England und auch sonst in Europa wiederholt eingeführt und hat, wie ich glaube, in Backhouse's Sammlung in York geblüht, die ganze Pflanze ist nur einige Centimeter hoch; ihre kurzen Stämme sind blos zweiblättrig. Sie ist in Sibirien,

Nordamerica und Nordrussland einheimisch, wo sie in Sümpfen und schwammigen Moorböden wächst. (Flore des Serres, 6, 573.)

C. candidum (milchweisser Frauenschuh). — Eine hübsche kleine Species, im Habitus *C. spectabile* ähnlich; sie wächst ungefähr 30 Cm. hoch und trägt eine einzige Blume an der Spitze des beblätterten Stengels. Die Sepalen und Petalen sind weiss oder grünlich-weiss, mehr oder weniger blassbraun gestricht und getuscht; die aufgedunsene Lippe ist rein weiss. Stammt von den Marschlanden Nordamerica's, wo sie sich nördlich bis nach Canada und westlich bis zum Felsengebirge hin erstreckt.

C. arietinum. — Diese seltsame und interessante kleine Pflanze wird selten in der Cultur getroffen, obgleich sie schon oft in unsere Gärten eingeführt wurde. In botanischer Hinsicht ist sie merkwürdig da sie die einzige Art mit freien Lateralsepalen ist, und dieser Charakter unterscheidet sie von allen angeführten und in der Cultur befindlichen Species. Die Lippe bis zur Mündung stumpfspitzig, ist weiss, und wie einige Fritillarien seltsam prächtig rosa gescheckt. Die obere Sepale oval, die unteren Sepalen und Petalen nahezu linear, von dunkelgrüner Farbe und röthlichbraun gestricht. Die einzelnstehenden Blumen haben kaum 3 Cm. im Durchmesser und sind nicht glänzend; indessen ist die Pflanze der Cultur werth, wo Mannigfaltigkeit und botanisches Interesse gewürdigt wird. Stammt von Canada. (Sweet's Flower Garden, t. 213; Bot. Mag. 38, t. 1,569.)

C. acaule (stammloser Frauenschuh). — Eine der gewöhnlichsten harten Cypripedien und in guten Sammlungen häufig zu finden. Als Topfpflanze gedeiht sie im kühlen kalten Kasten merkwürdig gut und blüht jedes Frühjahr reichlich und zu gleicher Zeit wie *C. Calceolus,* *C. spectabile* und *C. pubescens.* Sie wächst gut in schwammigem Torf und bedarf gleich ihren Verwandten eine beträchtliche Menge Feuchtigkeit an den Wurzeln. Die Pflanze ist 15—18 Cm. hoch und hat 2 breite grüne Blätter an der Basis und eine einzelne nickende Blume auf einem schlanken Schaft. Die Lippe (der augenfälligste Theil der Blume) ist rosapurpurn, mit dunklen Nerven genetzt und vornen seltsam einwärts gebogen, ein besonderes Merkmal dieser Species, welche sowohl in Büchern als in Gärten öfter *C. humile* genannt wird. Die Pflanze stammt von Nordamerica und ist vollkommen hart. (Bot. Mag. 6, 192; Lam. Encycl. 729.)

II. Weiche, empfindliche Cypripedien.

C. venustum (hübscher Frauenschuh). — Eine alte und wohlbekannte Pflanze mit hübschem Blattwerk und besonders glänzenden grünen und purpurnen Blumen, welche während der Herbst und Wintermonate reichlich hervorkommen. Die Blumen sind nahezu so gross wie die von *C. barbatum* aber verschieden im Blattwerk und in der Lippe, die bronzegrün und nicht tiefpurpurn ist wie bei letztgenannter Pflanze. Die genauere Untersuchung der Blätter zeigt, dass sie oben mit einem Lager von Luftzellen bedeckt sind, welche ihnen ein ziemlich graugrünes Aussehen verleihen. Die Pflanze scheint einen mässigen Grad von Wärme zu lieben; aber ich habe sehr solide Pflanzen gesehen, welche einer ganz gewöhnlichen Gewächshaus-Behandlung unterworfen worden waren. Die Sepalen sind weiss oder blassgrün, an der Basis dunkler gestreift; die ausgebreiteten Petalen an der Basis olivengrün, mit purpurfarbigen Spitzen; sie sind durch zierlich lange schwarze Haare gefranst und haben einige schwarze Flecken auf der Oberfläche. Es ist eine leicht wachsende Pflanze, welche in jeder Sammlung sein sollte. Stammt von Ostindien. (*C. venustum* Wall., Hook. Ex. Flora; Bot. Reg. 10, 788; Bot. Mag. 47, 2, 129.)

C. venustum var. *spectabile* ist eine sehr distinkte Varietät von der vorigen und charakteristisch durch ihr breiteres Blattwerk, welches hinten blasspurpurne Flecken hat; der Vordertheil des Schuhes ist eigenthümlich stumpf geformt. Sie trägt oft zwei, seltener drei Blumen auf dem Schaft, deren Farben denen der normalen Form ähnlich sind. (Abgebildet im „Floral Magazin" 1874.)

C. concolor (gleichfarbiger Frauenschuh). — Eine kleine aber sehr distinkte und interessante Species. Die Blumen sind durchaus rein schwefelgelb, spärlich braun gefleckt und sitzen auf einem oder zwei Blumenschäften von 5—12 Cm. Höhe. Sie haben einen Durchmesser von ca. 5—7 Cm. Die Pflanze wächst am besten in einem feuchten Warmhaus oder ostindischen Haus in seichten Schalen in faserigem Torf und Sand- oder Kalksteinstücke gepflanzt. Sie blüht nahezu immerwährend, wenn sie gut cultivirt wird, und verlangt reichlich Feuchtigkeit während der Sommermonate. Im Winter muss die Bewässerung sehr sorgfältig geschehen, da die Krone sehr gerne abrostet. Die Pflanze wurde von Herrn C. Parish in Burmah auf Kalksteinfelsen gefunden. Sie wächst auch in Moulmein, wo sie nach Oberst

Benson an der exponirten Fläche von Kalksteinfelsen gefunden wird, die eine ziemlich lange Zeit im Jahre den brennenden Sonnenstrahlen ausgesetzt sind. (*C. concolor* Parish M. S.; Bateman im Bot. Mag. 1, 5513; Gard. Chron. 1865, Seite 626, mit einem ausgezeichneten Holzschnitt.) Fig. 15. S. 67.

C. niveum (schneeweisser Frauenschuh). — Eine kleine Perle und Liebling überall wo sie gezogen wird. Im Habitus ist sie der vorstehenden so sehr ähnlich, dass Herr Ellis, welcher viele von den zuerst eingeführten Pflanzen erhielt, sie bis zur Blüthe für *C. versicolor* hielt. Das Blattwerk ist jedoch etwas länger und von ziemlich tieferer Färbung. Die Blumen stehen auf einem 1 oder 2 Blumen tragenden Schaft, der 8—15 Cm. hoch, zuweilen auch noch höher ist; Sepalen vornen an der Basis fleischfarbig überzogen, was der Pflanze einen reizenden glanzvollen Charakter verleiht; an der Rückseite sind sie mit Grün überzogen und dunkelpurpurn gefleckt; die Sepalen sind rein weiss, nahezu 5 Cm. lang und an der Basis purpurn gefleckt; Lippe länglich, leicht spitzig, dem Ei des Zaunkönigs nicht unähnlich, aber grösser, rein weiss, mit ganz kleinen purpurnen Flecken. Sie gedeiht gleich der vorhergehenden am besten in warmer feuchter Atmosphäre und guter Drainage an den Wurzeln. Verschiedene Individuen von dieser hübschen kleinen Pflanze variiren beträchtlich in der Form der Lippe; einige haben die Lippe schmäler zulaufend und stumpf gespitzt wie *C. concolor*, während sie bei anderen abgerundet ist, ähnlich wie bei *C. Schlimmii*. Sie ähnelt *concolor* in allen ihren Theilen so sehr, dass ich sie am liebsten nur als eine weisse Form von dieser Species betrachten möchte. (*C. niveum* Rchb. fil. in Gard. Chron. 1869, Seite 1038; *C. concolor* var. *niveum* Rchb. f.; Floral Magazin 1871, t. 543; Jenning's Orch., t. 28.) Fig. 19 und 23. S. 75.

C. javanicum. — Eine sehr unansehnliche Species des *C. barbatum*-Typus, mit buntem Blattwerk und einzelnen schmutzig-grünen und purpurnen Blumen auf einem langen schlanken Schaft. Sie gedeiht gut, wenn sie wie *C. barbatum* behandelt wird und blüht während der Wintermonate; die Blumen sind gleich den anderen von dieser Gruppe von permanentem Charakter. Obwohl nicht schön, ist sie doch der Mannigfaltigkeit wegen werth, unsern Sammlungen hinzugefügt zu werden. Die Pflanze ist in Java und anderen Inseln des indischen Archipels einheimisch. (*C. javanicum* Reinw.; Flore des Serres 7, 703.)

C. barbatum (bärtiger Frauenschuh). — Eine der bestbekannten und am allgemeinsten cultivirten Species. Es ist eine kräftige und reichblühende Pflanze, welche bei geringer Mühe das ganze Jahr hindurch Blumen hervorbringt. Das Blattwerk ist angenehm grün und hat dunkle Flecken und Linien; die Blumen stehen auf langen, tief purpur- oder chocoladefarbigen, 15—38 Cm. langen Schäften. Die obere Sepale ist völlig ausgebreitet, an der Spitze reinweiss, die untere Hälfte tief purpurn und prächtig grün gestreift; die Petalen sind ausgebreitet und prächtig purpurn, längs ihrer oberen Ränder gewimpert und charakterisirt durch prächtige, behaarte Drüsen ihren oberen Rändern entlang. Die Lippe ist 25 Mm. breit, tief purpurfarbig mit dunklen Nerven. Es ist eine der veränderlichsten Pflanzen in der ganzen Gruppe; die typische Form ist einigermassen stengeltreibend, mit sehr kleinen, ärmlich gefärbten Blumen. Die bestbekannte Varietät in der Cultur und eine der populärsten für Ausstellungszwecke ist *C. barbatum nigrum*, oder wie sie zuweilen genannt wird, *C. superbum*. Eine andere Form, welche zwei Blumen auf einem Schafte trägt, wird *C. barbatum biflorum* genannt. *C. Crossii* ist eine weitere sehr distinkte Form und ziemlich selten. Genau genommen können *C. Veitchii* (*superbiens*) und *C. Dayii* in diese Species verwiesen werden; alle die zahlreichen Formen sind leicht zu erkennen durch die besonderen Randdrüsen an den Petalen und durch die Gestalt des grünen Staminodiums. Die Pflanze ist robust und gewöhnt sich leicht an alle Behandlungsarten. Sie gedeiht gut in torfiger Rasenerde, Torf und getrocknetem Kuhfladen in flachen Schüsseln oder Töpfen; man stellt diejenigen, welche am besten blühen in eine grosse Schale zusammen; wenn gut gezogen, sind sie schöne Ausstellungspflanzen. Für letzteren Zweck ist es gewöhnliche Praxis, die Pflanzen in kleinen Töpfen zu ziehen und wenn sie in der Blüthe sind, so bringt man sie zusammen in einen grossen Orchideentopf. In dieser Weise gruppirt, und wenn die Oberfläche noch mit frischem Sumpfmoos versehen wird, machen sie einen guten Effekt auf den gewöhnlichen Besucher, obwohl sie für den Künstler steif und gezwungen aussehen. Die Pflanze ist in Ophir einheimisch. (*C. barbatum* Lindley; Bot. Reg. 28, 17; Bot. Mag. 72, 4234; Flore des Serres 3, 190. Wegen der Abbildung von *C. barbatum* var. *Crossii* sehe man: „La belgique horticole", 1865, Nr. 8. u. 9.)

C. argus (augenähnlich-gefleckter Frauenschuh). — Diese Pflanze ähnelt im Habitus *C. barbatum*, aber die Blumen stehen auf längeren 30—45 Cm. hohen Schäften. Die Blumen sind ungefähr von der gleichen

Grösse wie die von *C. barbatum;* Sepalen, weiss und grün gestreift wie die von *C. venustum;* Petalen gebogen wie bei *C. Fairieanum* und × *C. vexillarium*, länglich, mit grünen Linien markirt und reich mit tief purpurfarbigen augenähnlichen Markirungen versehen; jedes Blumenblatt hat ungefähr sieben grosse, glänzend behaarte Drüsen längs des oberen Randes; ein Charakter, welcher auf ihre nahe Verwandtschaft mit *C. barbatum* deutlich hinweist. Die stumpfen Spitzen der Petalen sind mit Purpur überzogen wie bei *C. venustum*. Die Lippe gleicht der von *C. barbatum* in der Form, ist aber auf bronzefarbigem Grund grün genervt, wie die von *C. venustum*. Es ist eine distinkte und hübsche Pflanze, wächst und blüht sehr reich im Winter und Frühling bei derselben Behandlung, die den meisten anderen Gliedern der Familie zu Theil wird. Sie wurde von den Herren Veitch eingeführt und im Dezember 1873 zum ersten Mal ausgestellt. Sie stammt von den Phillippinen und ist wahrscheinlich eine natürliche Hybride. Herr Bateman meint, dass *C. barbatum* und *C. venustum* die Eltern sind und dieser Ansicht stimme ich vollständig bei.

C. purpuratum. — Auf den ersten Blick ähnelt diese sowohl im Habitus als in der Blume so sehr *C. barbatum*, dass sie in den Gärten häufig den letzten Namen führt. Sie ist indessen sehr verschieden und durch das Fehlen der behaarten Randdrüsen charakteristisch, sowie dadurch, dass die Ränder der spitzen Dorsalsepale sehr ausgeprägt gedreht sind. Es ist eine Species und sie wird in modernen Sammlungen selten gesehen, obwohl ich sie in der Kew-Collection eine Zeit lang jedes Jahr blühen sah. Sie blüht während der Wintermonate und bleibt 4—6 Wochen in Vollkommenheit; sie trägt zuweilen (jedoch selten) zwei Blumen auf einem Schafte. — (Lindley, Bot. Reg. 23, 1991; Whigt, Ic. Pl. Ind. or. 5, 1780; Bot. Mag., t. 4901.)

C. Hookeriae. — Obwohl nicht merkwürdig wegen der Schönheit ihrer Blumen ist sie nichtsdestoweniger eine schöne Pflanze und des Blattwerks wegen der Anzucht wohl werth; ihre breiten grünen Blätter sind auffällig silbergrau markirt. Jedes Blatt ist 10—15 Cm. lang und ungefähr 6 Cm. breit. Die Blumen stehen einzeln auf 30—40 Cm. hohen Schäften; Sepalen oval, grünlich-gelb; Petalen 5—7 Cm. lang, spatelförmig, grün an der Basis und lieblich purpurfarbig an den Spitzen; die Petalen sind überdies um das Centrum braun gefleckt; Lippe mehr oder weniger aufgedunsen und grünlich-purpurn. Staminode länglich, grünlich. Sie ist die beste von allen buntblättrigen Arten; gute Varietäten tragen wirklich hübsche Blumen, während andere sehr gering sind. *C. Bullenii* ist eine Varietät davon. Gleich allen tropischen Orchideen liebt sie viel Licht und eine warmfeuchte Atmosphäre. Diese Species und *C. Fairieanum* werden, wenn regelmässig cultivirt, gerne vom Thrips und der rothen Spinne angegriffen; diese verwüsten bald ihre Schönheit und bewirken ein schlechtes Aussehen derselben. Natürliche Wärme, frische Luft und Feuchtigkeit werden diese Insekten abhalten, besonders wenn zugleich die Spritze reichlich gehandhabt wird. Die Pflanze ist auf Borneo und den malayischen Archipel einheimisch. — (Hook. Bot. Mag., t. 5362; Bateman, 2. Cent. Orch. Pl. 1, 123; Flore des Serres 15, 1565.)

C. superbiens (prächtiger Frauenschuh). — Obwohl nicht mehr als eine schöne Form von *C. barbatum* ist sie doch distinkt und schön und verdient für Gartenzwecke ihren stolzen Titel vollständig. Die Pflanze ist, besonders wenn sie nicht in der Blüthe ist, sehr leicht erkennbar durch ihre prächtig gelblich-grünen, dunkel-gefleckten Blätter. Ihre Blumen sind gross und stehen einzeln auf 30—35 Cm. hohen Schäften. Die obere Sepale ist breit eiförmig und an der Basis grün schattirt, wird bis zur Spitze hin weiss und ist mit tief grünen convergirenden Linien gestreift; Petalen 8—9 Cm. lang, nahezu 2,5 Cm. breit, zungenförmig, an ihren Spitzen ziemlich stumpf und in einem Winkel von ca. 45° zurückgebogen; die Petalen sind weiss, an der Basis grün schattirt, die Spitzen rosafarbig; Petalen durchaus tief purpurn gefärbt, etwa wie bei *C. argus;* nur sind die Markirungen kleiner und die Segmente grösser. Die Lippe ist gross, an der Mündung aufgedunsen und in graciösen Curven in eine stumpfe Spitze auslaufend, sie ist dunkel-purpur-braun und an den Seiten grün genervt. Das Staubgefäss ist mondförmig und unten an jeder Seite mit einem Zahn versehen. Die Pflanze liebt eine sehr feuchtwarme Atmosphäre und eine frische durchlassende Mischung; sie scheint fast das ganze Jahr zu wachsen, so dass es ihr nie an Feuchtigkeit fehlen soll. Einheimisch auf Java; in den Gärten oft *C. Veitchii* genannt. — (Rchb. f. in Bonplandia, 1855, 227; Xenia Orch. II, 9, t. 103; Warner, Select. Orch. Ser. 2, t. 12; Linden, Ill. horticole, 12, 429.) Fig. 21. S. 79.

C. Dayanum (John Day's Frauenschuh). — Eine andere feine und distinkte Form des überall vorkommenden *C. barbatum* und eine der effectvollsten von ihrer Classe, welche in den auserlesensten Sammlungen Platz finden sollte. Die Blumen erinnern bezüglich ihrer Form an *C. superbiens*, aber die Pflanze ist von dieser durch die Dorsal-Sepale leicht zu unterscheiden, die schmäler und schärfer gespitzt ist; die Petalen sind länger und ausgebreiteter und nicht gefleckt. Das obere Segment ist oval, blass-gelblich-weiss und grün gestreift; Petalen ca. 7—10 Cm. lang, weiss an den Spitzen, blassgrün an der Basis und in Unterbrechung mit braun-purpurnen Linien gestreift. Lippe sehr gross und weit an der Mündung; allmählich wie bei *C. superbiens*, zu einer stumpfen Spitze sich verkrümmend, purpurbraun, grün gerändert. Blattwerk lichtgrün, mit einer dunklen Schattirung unregelmässig gefleckt. Sie hat einen ziemlich reichen Habitus und verlangt eine warme frische, feuchte Atmosphäre mit einer reichlichen Menge lauwarmer Feuchtigkeit an den Wurzeln. Die Pflanze hat im Jahr 1860 das erste Mal geblüht und ist auf Borneo und den malayischen Inseln einheimisch. Obwohl sie als *C. spectabile* beschrieben wurde, so darf sie mit der harten nordamerikanischen Species gleichen Namens nicht verwechselt werden. — (*C. spectabile*, Rchb. in der Allg. Gartenzeitung 1856, var. *Dayii*; *C. spectabile*, Gard. Chron. 1860, pag. 695; Flore des Serres, abgebildet als *C. Dayii*.)

C. insigne (ausgezeichneter Frauenschuh). — Eine der ältesten und besten Species, welche um gut zu wachsen nicht mehr Sorgfalt braucht als eine Fuchsie oder ein *Pelargonium*. Es ist eine der besten und brauchbarsten von allen Kalthaus-Orchideen; sie muss in der That schlecht geflegt werden, wenn sie nicht wachsen und blühen will. Die Pflanze liebt eine Mischung von torfhaltigem Lehm und gut getrocknetem Kuhfladen, sowie guten Wasserabzug und reichliche Begiessungen während des Wachsthums. Ihr Blühen im Winter macht sie doppelt werthvoll. Eine sehr schöne Varietät von ihr heisst *Maulei*. Eine gute Abbildung davon befindet sich in Flore des Serres 15, 1564. Als eine Zimmer- oder Fenster-Orchidee in einem nach Wardian construirten Kasten, gibt es nichts ihresgleichen*; sie bleibt vollkommen gesund wenn sie vor wirklichem Frost geschützt wird, obwohl es je näher dem Winter, um so besser ist, wenn die Temperatur auf 3—4° R. gehalten wird. Die Pflanze darf an den Wurzeln niemals ganz trocken werden, doch ist während des dunklen und kalten Wetters weniger Feuchtigkeit wünschenswerth, da die Pflanzen sonst dadurch leiden. In Gard. Chron.

---

* Ein von Glas und Holz oder Eisen construirter Glaskasten von beliebiger Grösse, welcher mit einer Thüre versehen ist. (D. Uebers.)

1842, Seite 253, empfiehlt sie ein Correspondent als Decorations-Pflanze für den Salon, wenn sie in der Blüthe ist; er sagt: „am ersten Dezember verbrachte ich 8 Pflanzen in den Salon; sie blieben 3 Monate lang im höchsten Glanz und als sie im März herausgethan wurden, waren sie noch so frisch und kräftig als an dem Tag an dem sie dorthin gebracht wurden. — (Wall. Hook. Ex. Fl. 34; Lodd. Cab. 1, 321; Bot. Mag., 62, 3412. Die Abbildung unter diesem Namen in Bl. Bumph. 195, ist *C. glanduliferum* von demselben Autor.) Fig. 17. S. 71.

C. insigne Veitchianum. — Eine noch feinere Varietät als *C. Maulei;* die obere Sepale ist gross und nahe der Basis weiss, reich hochroth gefleckt. Ein Exemplar davon wurde in der Meadowbank-Sammlung um mehr als 20 Guineen verkauft *. Ich glaube sie ist noch nirgends abgebildet.

C. villosum (zottiger Frauenschuh). — Eine der feinsten und üppigsten von allen Species, welche in einem Warmhaus oder kühlen Orchideenhaus gut wächst. Da sie aus dem heissen Clima von Moulmein stammt, sollte man meinen, sie würde eine sehr hohe Temperatur beanspruchen, aber dies ist in der Wirklichkeit nicht der Fall. Die Pflanzen scheinen frischer und kräftiger, wenn sie in einer kühlen, feuchten, luftigen Temperatur gezogen werden als wenn sie in das ostindische Haus eingeschlossen werden. Das Blattwerk ist frisch grün, die Basis hinten reich purpurn gesprenkelt; Blumen einzeln auf kräftigen, behaarten, 15—30 Cm. hohen Schäften; Sepalen länglich, grünlich, an der Basis braun schattirt und gestricht. Die spatelförmigen Petalen prächtig braun gefärbt, glänzend wie wenn sie gefirnisst wären; die Lippe blassgelb mit purpurbraun schattirt und gleich den Petalen glänzend; das längliche Staubgefäss honigfarbig, leicht grün tingirt und mit einem stumpfen Zahn oder einer hervorstehenden Erhöhung im Centrum. Gut gezogene Exemplare tragen 20—30 Blumen, welche 6 Wochen in Vollkommenheit bleiben. Dies ist eine der besten Species, die der Liebhaber seinen Collectionen hinzufügen kann, da sie stets gefällt. Einheimisch in Moulmein in Indien, wo sie von Herrn Lobb, einem der erfolgreichsten Sammler von Veitch, in einer Höhe von 1500 Meter gefunden wurde. — (Lindl. in Gard. Chron. 1854, Seite 135.) Fig. 22. S. 81.

---

* Die engl. Guinee hat den Werth von ca. 21 Mark; sie beträgt 21 Schilling englisch oder 1 1/20 Pfd. Sterling. Die Guinee existirt nur dem Namen nach.

(D. Uebers.)

C. hirsutissimum (haariger Frauenschuh). — Eine üppig wachsende Pflanze mit grossen voll-ausgebreiteten Blumen auf Schäften, welche kürzer als die Blätter sind. Obwohl nicht besonders prächtig, verdient sie als eine Varietät doch die Cultur, besonders weil sie in der düstersten Zeit des Jahres, wo die Blumen gesucht sind, blüht; Blumen einzeln; Sepalen grün, dunkelbraun beschattet; die Petalen haben wellenförmige Ränder und sind nahe an ihren Spitzen theilweise gedreht, grün an der Basis, reich braun gefleckt und an den Spitzen prächtig purpurn gefärbt; Lippe grün, sehr reich braun gefleckt. Diese Species wurde zuerst in dem „Botanical Magazine" nach Lindley's Manuscript durch Hooker veröffentlicht. Die Pflanze blühte auch zuerst in englischen Sammlungen um das Jahr 1858. Lindley bemerkt: „sie sei mit *C. insigne, villosum, Lowii* und *barbatum* verwandt", welche Species er folgendermassen von einander unterscheidet: „*C. insigne* ist nur filzig, und ihren Petalen fehlt die spatelförmige Gestalt, die langen Haare und die starke Wellung. *C. villosum* hat längere Blumen, sie sind nicht gewellt, haben keinen Bart oder Wimpern auf den Petalen und das sterile Staubgefäss ist abgestutzt, nicht viereckig. Von *C. Lowii* sind die langen, flachen, nackten Petalen ganz verschieden. *C. barbatum* hat ein rundes, nicht quadratisches, steriles Staubgefäss, gefleckte kurze Blätter und es fehlt das Haarige. Bei *C. purpuratum* ist das sterile Staubgefäss halbmondförmig". — Die Pflanze ist in Assam einheimisch. — (Lindl. Bot. Mag. t. 4990; Warner's Select. Orch. Pl. 1. Serie, t. 15; Batem. 2. Cent. Orch. Pl., t. 149.)

C. Fairieanum (Fairie's Frauenschuh). — Eine der seltensten und distinktesten Pflanzen in der Gruppe und zur Zeit der Blüthe durch die reichen purpurnen Markirungen an ihrer Dorsal-Sepale und durch die eigenthümliche doppelte Curve der Petalen leicht erkennbar. Die Pflanze ist im Habitus ziemlich klein, hat blassgrünliche Blätter die über die flache Schale — in welcher sie gezogen werden soll — sich ausbreiten; sie ist besonders delikat und liebt einen warmen, theilweise beschatteten Standort im ostindischen oder Warmhaus, und eine frische, lockere, sandige Mischung sowie gute Drainage. Die Blumen stehen einzeln auf schlanken Schäften; die obere Sepale ist gross im Verhältniss zu den anderen Segmenten; die Ränder wellenförmig gebogen, behaart oder gewimpert, an der Spitze mit reich purpurnen oder weinrothen Markirungen versehen. Die untere Sepale ist grünlich-weiss und viel kleiner; Petalen abwärts gekrümmt, grün-purpurn gestreift, die Ränder mit purpurnen Haaren besetzt. Die Pflanze wurde zuerst von Lindley nach einem Exemplar beschrieben, welches bei Herrn Fairie in Liverpol 1857 zuerst blühte. Sie wurde aus Assam eingeführt, und obwohl viele Sendungen erfolgten, ist sie immer noch selten. Blüht im Herbst und hält gut. — (Hook. im Bot. Mag. t. 5024; Gardener's Chronicle, Seite 794; Batem. 2. Cent. Orch. Pl., t. 140.)

C. Lowii (Hugh Low's Frauenschuh). — Eine stark wachsende Species von kräftigem Habitus, eingeführt im Jahre 1846 und bald nachher beschrieben nach einem Exemplar, welches in der Collection von A. Kenrich in West-Bromwich blühte. Die Pflanze ist auf Borneo einheimisch, wo sie an den Aesten der höchsten Waldbäume wachsend gefunden wurde. Ich habe einige schön gezogene Exemplare im Garten von Provost Russel in Mayfield bei Falkirk gesehen; welcher eine der besten und vollständigsten Sammlungen dieser seltsamen und schönen Pflanzen hat, die ich gesehen habe. Eine von diesen Pflanzen trug sechs Blumen auf einem schönen nahezu 1,20 M. hohen Schaft. Das Blattwerk ist ungefähr 30—35 Cm. lang, 2,5 Cm. breit, dunkelgrün; der aufrechte Schaft ist gewöhnlich ca. 60 Cm. hoch und trägt drei oder vier Blumen. Die obere Sepale ist hinten wollig und innen blassgrün; die Petalen sind 7,5—10 Cm. lang, mit der Lippe nahezu in einem rechten Winkel stehend; sie sind spatelförmig, gelblich-grün an der Basis, stark purpurn gesprenkelt und gefleckt; die Spitzen dunkelpurpurn tingirt; Lippe länglich, stumpf an der Spitze, glänzend purpurbraun; das Staubgefäss unten seltsam dreilappig. Diese Pflanze, obgleich in einem der heissesten Districte der Welt einheimisch, wächst vollkommen gut in einem mässig kühlen Cattleyen-Haus. Sie gedeiht am besten in einer torfhaltigen Mischung, oben mit Sumpfmoos belegt, in welches die dicken, haarigen Wurzeln nach allen Richtungen eindringen. Die Pflanze ist seltener unter dem Namen *C. cruciferum* bekannt. Ihre Heimat ist Borneo. — (Flore des Serres 4, 357; Journ. Hort. Societ. 5, 27; Lindley in Gard. Chron., 1847, Seite 765, mit Holzschnitt.) Fig. 20. S. 77.

C. Schlimmii (Schlimm's Frauenschuh). — Wenn gut cultivirt, eine charmante kleine Pflanze; doch machen die Züchter bei der Cultur in der Regel Fehler. Ich habe nur 2 Pflanzen in wirklich ausgezeichnetem Zustande gesehen; eine in Provost Russel's wohlbekannter Sammlung zu Falkirk und die andere in Edwin Wrighley's Garten zu Burg, Lancashire. Das letzterwähnte Exemplar hatte 30—40 Cm.

lange und nahezu 5 Cm. breite lichtgrüne Blätter von kräftigster Gesundheit. Sie wurde in Gemeinschaft mit *Odontoglossum*, *Disa* und *Oncidium macranthum* in einem kühlen feuchten Hause cultivirt und war in eine Mischung von torfigem Lehm und faserigem Torf gepflanzt und mit lebendem Sumpfmoos bedeckt. Die Pflanze trägt hübsche, kleine, 2,5—3,8 Cm. im Durchmesser haltende Blumen auf aufrechter, einfacher oder selten verzweigter Aehre. Die Sepalen sind länglich, leicht flaumig und grünlich-weiss; Petalen oval oder länglich, rein weiss, zuweilen spärlich prächtig purpurn gefleckt; Lippe abgerundet, weiss, prächtig rosa angehaucht. Die Blumen sind oval und was Gestalt und Farbe betrifft, denen des nordamericanischen *C. spectabile* nicht unähnlich, aber kleiner. Die Pflanze wird gerne von Thrips angegriffen, welcher es besonders auf ihre frischen, saftigen, jungen Blätter abgesehen hat. Eine kühle Atmosphäre, regelmässig unterhaltene Feuchtigkeit an den Wurzeln in Verbindung mit täglichen Bespritzungen, ein schattiger Standort im Hause wird den Verheerungen vorbeugen. Es ist eine edle kleine Species und der Cultur wohl werth. Sie stammt von Neu-Granada und blühte zum ersten Mal um das Jahr 1866 bei Bull. — (Bot. Mag., t. 5614.)

C. caudatum (langgeschwänzter Frauenschuh). — Eine der anziehendsten Orchideen und zugleich eines der curiosesten Gewächse des Pflanzenreichs. Das Blattwerk ist zungenförmig, ca. 12—20 Cm. lang 2,5 Cm. breit und prächtig grün. Die Aehre trägt 2 oder 3 Blumen und ist ein wenig länger als die Blätter. Die Blumen sind gross und hübsch; Sepalen oval, wechselständig, die unteren merklich grösser als die oberen, ca. 7—10 Cm. lang, blassgelblich, tief grün gestreift und zuweilen rosa tingirt. Die Lippe ist gross und sehr aufgedunsen, aussen gelblich, stark grünlich-purpurn angehaucht. Die Färbung sehr reich in den besten Formen; die biegsamen Lappen an der Basis sind elfenbeinweiss und reich purpurn gefleckt; die Sepalen sind der auffallendste Theil der Blume; sie sind nicht nur wegen ihrer Länge merkwürdig, sondern wegen der Art und Weise wie sie sich allmählich verlängern, bis sie das Maximum von ca. 48—72 Cm. Länge erreicht haben. Wenn sich die Knospe öffnet, so sind diese Petalen nicht viel länger als die Sepalen, aber sie verlängern sich fortwährend 9—10 Tage lang nach dem Aufblühen. Es würde interessant sein, die Ursache von ihrem rapiden Wuchs zu kennen, während zugleich der übrige Theil der Blume sich nicht sichtbar vergrössert; es ist dies indessen eine Eigenthümlichkeit, die sich mehr oder weniger bei allen mit langen Petalen versehenen Cypripedien und bei einer oder zwei Brassien zeigt. Ein anderer beinahe ähnlicher Fall kommt vor bei dem Sporn von *Angraecum sesquipedale*, welcher stets eine Länge von 30—40 Cm. erreicht. Es wurde in Ch. Darwin's „Fertilisation of Orchids" (Befruchtung der Orchideen etc.*) bemerkt, dass in ihrer Heimat Madagaskar ein lepidopteres Insekt mit einem Rüssel existire, der lang genug ist, um den Nectar zu erreichen, welcher gerade auf dem Boden der Röhre oder des Nectariums abgesondert wird, und es wurde vermuthet, dass auf diese Weise die Befruchtung der Blume erfolge. Neuester Zeit ist dies als richtig bewiesen worden, denn es wurde auf der Insel eine Motte mit entsprechend langem Rüssel entdeckt. In Betreff der langgeschwänzten Cypripedien habe ich oft gedacht, dass sie möglicherweise in Peru durch grosse Ameisen oder andere Insekten, welche nicht fliegen können, befruchtet werden und dass die langen Petalen gleichsam als Leiter dienen, auf welchen sie zu den sexualen Theilen emporglimmen können.** Es ist eine der besten Species des Genus und sollte in jeder Collection eingeführt werden. *C. caudatum roseum* ist eine prächtiger gefärbte Varietät, welche in einer ziemlich kühleren Temperatur als die für die typische Form geeignete, gut gedeiht. Die Pflanze wächst gut in einem kühlen Orchideenhaus, wo die Temperatur während des Winters 4⁰ beträgt; sie macht sehr viel Effekt. *C. caudatum* blühte zuerst in der einst berühmten Sammlung des Herrn Lawrence in Ealing Park 1850. Sie stammt aus den peruanischen Anden. — (Lindley, Hook. Ic. Pl. 7, 658—59; Paxt. Fl. Garden, 9; Flore des Serres 6, 566; Warner's Orch. Plants 2. Series, t. 1.)

C. Stonei (Stone's Frauenschuh). — Diese kann ebenfalls als eine der anziehendsten der Gruppe betrachtet werden. Sie wurde zuerst durch Hugh Low & Comp. aus Sarawak eingeführt und zu Ehren Stone's, eines enthusiastischen Cultivateurs und Gärtners, benannt. Sie hat glattes, prächtig grünes, ungefähr 30 Cm. langes und ca. 6—7 Cm.

---

* In's Deutsche übersetzt von H. G. Bronn. E. Schweizerbart'sche Verlagshandlung. Stuttgart, 1862. Ein sehr interessantes Buch! (D. Uebers.)

** Diese Ansicht scheint mir etwas zweifelhaft zu sein, denn derartige Insekten können ja ebensogut an dem Schafte der Pflanze emporklimmen um zu den Befruchtungsorganen zu gelangen. Sie scheinen mir eher dazu geschaffen zu sein, um die aus dem Boden aufsteigende Feuchtigkeit aufzusaugen und der Pflanze zuzuführen. (Der Uebers.)

breites Blattwerk; die Blumen — 2 bis 4 — stehen auf einem langen, gebogenen, aufrechten Stengel, der mit breiten Bracteen besetzt ist; sie sind gross und prächtig gefärbt; Sepalen weiss, schwach mit Rosa tingirt und hinten stark purpurn gefleckt; Petalen ca. 12 Cm. lang, 8 Mm. breit, hängend, leicht gedreht, schwach gelb, purpurn gefleckt und gestreift; Lippe in der Gestalt einem türkischen Pantoffel nicht unähnlich, prächtig rosa-lilafarbig, mit ansehnlichen carminfarbigen Nerven. Der Griffel ist seltsam zweitheilig und das Staminodium hat eine haarige Einfassung, gleich dem Kragen einer polnischen Tunika. Eine schöne Varietät von dieser, *C. Stonei platytaenium* differirt von der normalen Form durch flache, 10—13 Mm. breite, reich purpurn gefleckte Petalen; sie ist werthvoll und selten. — (*C. Stonei*, Lindl. Bot. Mag. t. 5349; Batem. 2. Cent. Orch. Pl. 200; Jenning's Orch. t. 12; *C. Stonei platytaenium* Rchb. f. Gard. Chron. 1867, Seite 1118, mit einem ausgezeichneten Holzschnitt.)

C. laevigatum (glattblättriger Frauenschuh). — Im Habitus ist diese Species von *C. Stonei* kaum unterscheidbar und auch ihre Art zu blühen ist die gleiche. Sie ist indessen leicht zu unterscheiden durch ihre kleineren Blumen und durch die purpurnen Markirungen vorne an der ovalen Dorsal-Sepale sowie durch den Schaft. Ovarium, Bracteen und Petalen, welche mit purpurnen Haaren besetzt sind, während bei *Stonei* alle diese Theile glatt sind. Die Petalen sind auch viel ausgeprägter gedreht und variiren von 10—15 Cm. in Länge, sind rein gelb und an der Basis purpurn gefleckt und gestreift. Die Lippe ist gelb und purpurn schattirt. Diese schöne Pflanze wurde von dem verstorbenen John Gould Veitch, welcher sie an den Wurzeln von *Vanda Batemanii* entdeckte, aus den Phillippinen eingeführt. Gleich ihrer Verwandten, *C. Stonei*, gedeiht sie nur in einer warmen Atmosphäre, gegen glühende Sonnenstrahlen beschattet und bei viel Licht während der dunklen Herbst- und Wintermonate. Diese beiden schönen Pflanzen erzeugen 3—6 schöne Aehren mit je 3—4 Blumen. — (*C. laevigatum* Bateman, Bot. Mag., t. 5508; Btm. 2. Cent. Orch. Pl. t. 101; Flore des Serres 17, 1860.

C. caricinum. — Eine mässig schlank-blättrige kleine Pflanze und in gemischten Sammlungen der Cultur wohl werth. Ihre prächtig grünen grasartigen Blätter entstehen auf schlankem Rhizome, welches auf die Oberfläche des moosigen Composts in allen Richtungen sich hinzieht. Die Blumen stehen auf aufrechten Stengeln, eine oder zwei beisammen, und sind obwohl nicht glänzend, überaus delicat in ihrer Färbung und die schmalen Petalen sind seltsam, gleich einem Korkzieher gewunden oder gedreht; Sepalen grünlich, weiss gerändert und purpurbraun getüpfelt. Die Pflanze blühte in Veitch's Orchideenhäusern im Jahre 1865; sie wurde von Pearce eingeführt. Sie gedeiht gut in einer mässig kühlen und feuchten Atmosphäre mit reichlicher Feuchtigkeit an den Wurzeln. Ich habe diese Pflanze kräftig wachsen und reichlich blühen sehen in einem kühlen Orchideenhaus mit Pultdach, wo während des Sommers Tag und Nacht Luft gegeben war. Bei solcher Behandlung gedeiht diese Species und auch die kleine hübsche *C. Schlimmii* gut; beide lieben condensirte Feuchtigkeit auf ihrem frischen Blattwerk während der Nacht. *C. caricinum* stammt aus Peru und Bolivia und ist hie und da auch unter dem Namen *C. Pearcei* bekannt. — (Bot. Mag., t. 5466.)

C. glanduliferum (drüsiger Frauenschuh). — Eine seltene und eigenthümliche Pflanze, die in unseren Collectionen noch nicht zu finden ist. Sie trägt grosse hübsche Blumen, 2—3 auf einem Schaft. Petalen 7,5—10 Cm. lang, scharf zugespitzt, mit 2—3 auffallenden Drüsen längs ihren Rändern; Lippe aufgeblasen, prächtig rosa, innen mit einem Paar, einem umgekehrten Horn ähnlichen Anhängseln. Sie stimmt mit *C. Parishii* in Betreff der langen Petalen, welche mit grossen Drüsen versehen sind, überein; die Petalen von *Parishii* haben stumpf abgerundete behaarte Spitzen, durch welche die Pflanze leicht zu unterscheiden ist. Die einzige Abbildung, die ich gesehen habe, befindet sich in Blume's „Rumphia", Band IV, 198, wo sie unter dem Namen *C. insigne* abgebildet ist; diese darf aber mit dem wohlbekannten *C. insigne* von Wallich nicht verwechselt werden. Sie ist auch als *C. glanduliflorum* bekannt. Heimat Neu-Granada und wahrscheinlich auch Java.

C. Parishii (Parish's Frauenschuh). — Eine sehr interessante Pflanze mit breitlich-rinnenförmigen, tiefgrünen, an der Spitze bifiden Blättern. Die Blumenähre ist 30—60 Cm. lang und trägt 3—5 grosse lanzettblättrige Blumen. Die obere Sepale ist oval, mit ungefalteten Rändern und hat hinten eine stark ausgeprägte Drehung; die untere Sepale ist ziemlich kleiner und rückwärts gerichtet, blass-grünlich-gelb; die Petalen sind 10—15 Cm. lang, mit wellenförmigen Rändern an der Basis; die Segmente werden gegen die abgerundeten, mit Haaren besetzten Spitzen zu ausgeprägt gedreht. Sie sind grünlich-gelb, an der

Basis purpurn gerändert, während der an der Spitze befindliche Theil tief weinroth und blass gerändert ist; jede Petale hat ca. 3 angelaufene am Rande stehende Drüsen; die Lippe ist länglich, grün und braun beschattet. Die Pflanze gedeiht in einer warmen natürlichen Atmosphäre und wurde kürzlich von B. S. Williams in South Kensington ausgestellt. Das einzige andere *Cypripedium*, welches besonders grosse behaarte Drüsen an ihren Petalen hat, ist *C. glanduliferum* von Neu-Guinea, und diese hat nicht die curiose stumpfe Spitze an ihren Petalen als wie *Parishii*. Die Pflanze wurde von Herrn C. S. Parish aus Indien, von der siamesischen Gränze eingeführt. — (*C. Parishii*, Rchb. f. in M. S. in lit. R. C., Parish, in Herb. Kew.; in Flora, June 1869; Gard. Chron., 1869, Seite 814; Bot. Mag., t. 5791.)

C. longifolium (langblättriger Frauenschuh). — Eine üppig wachsende Species, eingeführt durch Herrn Roezl, einem der unerschrockensten und glücklichsten Sammler. Nach Reichenbach gehören diese Pflanze, ferner *C. Pearcei, C. Schlimmii* und noch eine oder zwei weitere, lauter Pflanzen aus Südamerica, zu *Selenipedium*, einem Genus, welches durch das dreizellige Ovarium charakterisirt ist. Das Blattwerk der Pflanze ist prächtig grün, zungenförmig, 30—40 Cm. lang und 2,8—3,8 Cm. breit. Der Schaft variirt von 60—120 Cm. und trägt 10—12 oder mehr Blumen, welche sich der Reihe nach von unten nach oben hin öffnen. Es ist selten mehr als eine zu gleicher Zeit offen; auf diese Weise bleibt die Pflanze oft ein ganzes Jahr lang oder noch länger in der Blüthe. Die Blumen sind von einer warmen gelblich-grünen Farbe, braun beschattet, und jede hat eine grosse grüne Bractee an der Basis. Die divergirenden Petalen sind 7,5—10 Cm. lang, von der Basis aus (wo sie 1,3 Cm. breit sind) bis zu den schmalen Spitzen sich zuspitzend. Diese sind bräunlich-purpurn, und die untere Sepale ist die grösste, eine bei dem Genus ungewöhnliche Erscheinung, obwohl ausgeprägt bei der eben besprochenen Species und bei *C. Roezlii*. Diese Segmente sind grünlich-braun; die Lippe länglich vornen, olivengrün, innen reich gefleckt und gesprenkelt. Das **rhomboidale** oder dreieckige Staminodium hat einen augenfälligen Ring **von** steifen schwarzen Haaren längs ihrer oberen Ränder. Die Pflanze **wächst** gut in einer mässigen Temperatur; sie ist auch, obwohl irrthümlich, in einigen Gärten als *Reichenbachii* bekannt. Einheimisch auf Costa Rica. — (*C. longifolium*, Rchb. f., Gard. Chron. 1869, S. 1206.) Fig. 18. S. 73.

C. Roezlii (Roezl's Frauenschuh). — Eine sehr robuste **Pflanze** und mit dem langblättrigen *Cypripedium* nahe verwandt, aber unterscheidbar durch ihr viel längeres und breiteres Blattwerk und durch ihre grösseren und prächtigeren Blumen. Die Blätter variiren von 30 bis 45 Cm. in der Länge, sind nahezu 5 Cm. breit und vom frischesten Grün, das man sich denken kann. Die Aehre ist wie die der letztgenannten *(longifolium)* 60—120 Cm. lang, mit grossen Strelitzia-ähnlichen Bracteen an der Basis jeder Blume. Die Blumen öffnen sich allmählich der Reihe nach und es sind zu gleicher Zeit selten mehr als zwei offen; die Pflanze blüht daher 10—12 Monate auf ein und derselben Aehre. Die Sepalen sind oval und von reicher rosiger Farbe, die unteren sind nahezu zweimal so gross als das obere Segment. Die Petalen sind 7,5—10 Cm. lang und prächtig rosa-purpurn; die **Lippe** ist grün und purpurbraun schattirt, die gebogenen Ränder blassgelb, reich warzig und haben zwei grüne Drüsen an jeder Seite des Centrums. Es ist eine noble Pflanze, die in jeder Sammlung sein sollte. Heimat die Hochlande von Südamerica.

C. japonicum (japanesischer Frauenschuh). — Eine seltene und überaus langsam wachsende Pflanze, welche ich noch nirgends in der Cultur gesehen habe. Vaterland Japan. — (*C. japonicum*, Thunberg's Icon. Jap. t. 1*.)

C. Sedeni (Seden's Frauenschuh). — Sehr schöne und lebhaft gefärbte Hybride; sie wurde durch Seden, Obergehilfen in der königl. exotischen Baumschule in Chelsea (London) gezüchtet. Sie ist das Resultat einer Kreuzung zwischen *Schlimmii* und *longifolium*. Es ist eine interessante Thatsache, dass die Pflanzen, welche mit einander gekreuzt wurden und Sämlinge ergaben, als Samen tragende Eltern genau dieselben Resultate lieferten. Das Blattwerk ist zungenförmig, graciös gebogen und prächtig grün. Blumenähren purpurn behaart, mit 5—7 Blumen besetzt, nur eine oder zwei zu gleicher Zeit entfaltet; die Sepalen sind länglich, prächtig rosa; Petalen länglich, fast zungenförmig und theilweise nahe an der Spitze gedreht, rahmweiss, mit tief rosafarbigen Rändern, Lippe länglich,

---

* Herr Van Houtte, in dessen „Flore des Serres" (Fasc. 1, Bd. XX, 1874) die Pflanze abgebildet ist, schreibt Folgendes: „Es ist das erste Mal, dass diese Art aus Japan in verhältnissmässig gutem Zustand bei uns ankommt; ihre Rhizome unterlagen stets den Strapazen der Reise. Die Tafel, welche wir geben, ist das Fac-Simile einer Abbildung, welche uns Herr Teutschel geschickt hat."
(Anm. d. Uebers.)

stumpfspitzig, die Mündung an jeder Seite seltsam gelappt und mit runden Buckeln am vorderen Rand. Die eingebogenen Seiten sind rein weiss, mit Rosa getupft; das Staminodium leicht wollig und blassgelb gefärbt. Die Pflanze blüht sehr reich während des Winters und ihr prächtiges Blattwerk und die brillanten Blumen machen sie zu einer allgemeinen Lieblingspflanze. Sie wächst gut in einem kühlen Hause. — (Jenning's Orchideen, t. 4; *C. Sedenii*, Rchb. f. in Gard. Chron. 1873, Seite 1085.)

C. Harrissianum (Dr. Harris Frauenschuh). — Dies ist eine sehr kräftige, üppig wachsende Hybride, welche von Herrn Dominy durch Kreuzung von *C. villosum* und *C. barbatum* erzielt wurde. Die Blätter sind 12,5—17,5 Cm. lang, nahezu 5 Cm. breit, prächtig grün und in der Weise wie *C. barbatum* dunkelgrün markirt. Blumen gross, glänzend als wie gefirnisst, in Gestalt so ziemlich wie die von *C. villosum*, aber dunkler gefärbt; die Lippe reich purpurn, die Petalen purpurn, braun schattirt. Die Pflanze wächst und blüht nahezu das ganze Jahr und ist eine der schönsten Species der ganzen Gruppe. Einige Formen sind tiefer und glänzender gefärbt, aber alle sind gut und in den ausgewähltesten Sammlungen der Cultur wohl werth. — (*C. Harrissianum*, Rchb. f. in Gard. Chron., 1869, Seite 108.)

C. vexillarium. — Eine andere schöne, in Veitch's Etablissement in Chelsea gezüchtete Pflanze. Sie hat buntes Blattwerk und ist das Resultat einer Kreuzung von *C. barbatum* und der kleinen hübschen *C. Fairieanum*. Dieses Resultat ist eine sehr interessante, zwischen beiden Eltern fast genau die Mitte haltende Hybride; die Dorsal-Sepale ist länglich-rund mit wellenförmigen und behaarten Rändern, hellgrün und purpurn gefärbt; Petalen gleich denen von *C. Fairieanum* gekrümmt, längs den Rändern behaart, blassgrün, mit dunklen Nerven, purpurnen Flecken und Markirungen; Lippe purpurn, grün schattirt; die Pflanze blüht während der Wintermonate und verdient allgemein cultivirt zu werden. — (Rchb. f. in Gard. Chron. 1870, Seite 1373.)

C. Dominii (Dominy's Frauenschuh). — Eine üppig wachsende Pflanze mit dem allgemeinen Habitus von *C. caudatum*, nur dass die Blätter schmäler und graciöser gebogen sind. Sie ist das Samenprodukt von *C. caudatum*, befruchtet mit *C. caricinum*; die Blumen, obwohl nach Form und Grösse *C. caudatum* sehr ähnlich, zeigen doch Spuren von beiden Eltern; die Sepalen sind licht grün mit dunkelgrün beschattet, die hängenden gedrehten Petalen sind blassgelb gefleckt und prächtig röthlich-carmoisinfärbig gestreift; die eingebogenen Lappen der Lippe sind rein weiss und haben reich weinroth gefärbte Flecken, während der sackartige Central-Lappen grün und stark purpurbraun schattirt ist. Es ist eine sehr hübsche Pflanze, blüht während der Winter- und Frühlingsmonate und es bleiben die Blumen lange Zeit schön, wenn sie trocken gehalten werden. — (Rchb. f. in Gard. Chron. 1870, S. 1181.)

C. Ashburtoniae. — Die Pflanze ist das Ergebniss einer Kreuzung zwischen dem alten *C. insigne* und dem wohlbekannten *C. barbatum*. Im Habitus und der Inflorescenz ist sie beiden Eltern etwas ähnlich. Die Blätter sind gleich denen von *C. insigne* gestaltet, sind aber ein wenig breiter und an der Spitze gespalten und mit dunkelgrünen netzähnlichen Markirungen auf lichterem Grund bedeckt. Einige Blätter sind beinahe so distinkt markirt wie bei *C. barbatum*, während bei anderen die Markirungen kaum sichtbar sind. Die Blumen sind in der Gestalt denen von *C. barbatum* ähnlich und stehen einzeln auf einem schlanken chocoladefärbigen Schaft von 30 Cm. Höhe; obere Sepalen an der Spitze weiss, an der Basis grünlich, mit zahlreichen, tief purpurnen Streifen und Flecken; Petalen leicht herabgebogen, länglich, wellenförmig längs ihren Rändern, grünlich-weiss mit tief purpurnen Nerven; die Ränder sind behaart und purpur-rosa tingirt; Lippe länglich, an der Spitze ziemlich stumpf und gegen die Mündung hin grünlich-purpurn schattirt. Die Tiefe der Farbe variirt bei verschiedenen Individuen. Es ist eine interessante und leicht zu ziehende Pflanze, die der Cultur wohl werth ist; sie wurde von einem englischen Gärtner Namens Cross bei einer Gräfin Ashburton, deren Namen sie auch führt, gezüchtet. — *C. Ashburtoniae*, Rchb. f., Gard. Chron., 1871, Seite 1647, mit Holzschnitt.)

C. Crossianum (Cross's Frauenschuh). — Eine andere angenehme Hybride und zu gleicher Zeit wie die vorige gezüchtet und von den gleichen Eltern stammend. Ihr längliches Blattwerk hält zwischen dem von *C. insigne* und *C. venustum* die Mitte, ist graugrün oben, blasser unten, schwärzlich-purpurn gefleckt gegen die Basis; es ist auf der oberen Fläche auch etwas dunkel genetzt; die Blumen stehen auf 20—30 Cm. langen purpurrothen und behaarten Schäften; die Bractee ist graugrün mit purpurnen Flecken; obere Sepale an der Spitze weiss, unten blassgrün mit dunkelgrünen Nerven und einigen purpurnen Flecken an der Basis; Petalen zungenförmig, leicht wellig, bräunlich-kupferfarbig, mit dunkelpurpurnen oder schwärzlichen Flecken; Labellum gelblich, bronze schattirt, mit einem grünen Netzwerk gleich dem von *C. venustum* versehen. Das Staubgefäss ist dem von *C. venustum* gleich in der Form, aber gelb oder blass-honigfarbig wie bei *C. insigne*. Es ist eine interessante Pflanze und darf mit *C. barbatum Crossii* nicht verwechselt werden. — (*C. Crossianum*, Rchb. f. in Gard. Chron., 1873, S. 877.)

C. Arthurianum. — Ist *C. insigne*, aber in verbesserter Form und entstand durch Kreuzung mit *Fairieanum*. Die Pflanze stammt aus dem Etablissement Veitch in London. (D. Uebers.)

Uropedium Lindenii (Linden's Uropede). — Diese merkwürdige und aussergewöhnlich seltene Pflanze wurde durch den verstorbenen Dr. Lindley, einem der ausgezeichnetsten und scharfsinnigsten Orchidologen, benannt; sie gedeiht im kühlen Hause und wurde in unsere Sammlungen durch Linden, nach welchem sie benannt ist, eingeführt. Dieses Genus differirt von *Cypripedium* Linné, oder *Selenipedium* Reichenbach, durch ein verlängertes petaloides Anhängsel anstatt der aufgedunsenen pantoffelähnlichen Lippe. Im Habitus und der Art zu blühen ist die Pflanze mit *C. caudatum* identisch und die Blumen ähneln denen von *C. caudatum* in jeder Beziehung sehr, nur dass der Pantoffel durch ein langes caudales Anhängsel ersetzt wird. Die Cultur ist die gleiche wie bei *C. caudatum*. Die Pflanze blüht im Frühling und kann als eine monströse Form von *C. caudatum* betrachtet werden. Sie ist in Neu-Granada einheimisch, wo sie in feuchten Wäldern in einer Höhe von 2100—2400 Meter spärlich wächst und wo die mittlere jährliche Temperatur nur $11\,^{\circ}$ R. ist. Die Pflanze blühte zuerst bei Herrn Pescatore in St. Cloud im Jahre 1853. — (*Uropedium Lindenii*, Lindl. Belg. hort., 4, 13; Regel's Gartenflora 1861, 315.) (Hierüber sehe man auch die Anmerkung auf Seite 128.)

Kalte und temperirte Orchideen.

Alphabetisches Verzeichniss.

Das folgende alphabetische Verzeichniss enthält viele Arten, die in der ausgewählten beschreibenden Liste nicht erwähnt sind, und es wird, was die Nomenclatur betrifft, sehr bequem gefunden werden, nachschlagen zu können, da die Synonyme beigefügt sind. Es ist nur billig, wenn ich anführe, dass ich bei der Anfertigung dieser Liste sehr unterstützt wurde durch den gut arrangirten Catalog der Herren Rollison & Söhne, einer alten Orchideenzüchter-Firma, welche mit dazu beigetragen hat, die Vorliebe für diese schönen Pflanzen zu verbreiten.

Acineta —   Seite
    Barkerii (Syn. Peristeria Barkerii) . . . . Mexico 52
    glauca, s. Luddemannia Pescatorei 52
    A. densa 52
    Humboldtii (Syn. A. superba und Peristeria
        Humboldtii . . . . Columbien 52
    superba, s. A. Humboldtii 52
Ada —
    aurantiaca . . . . Neu-Granada 52
Aerides —
    *affine (Syn. A. roseum, A. trigonum und A.
        multiflorum) . . . . Ebene Flächen in Rangoon
                                                            und Moulmein . . . 52
    „ *majus (s. superbum) . . . . Sylhet 52
    „ *roseum . . . . Sylhet
    *Brookii, s. A. crispum 53
    crispum (Syn. A. Brookii) . . . . Courtallum 53
    „   Lindleyanum . . . . Kartairy-Fälle 54
    „   Warnerianum . . . . Java 54
    Fieldingi . . . . Bombay 54
    Japonicum . . . . Japan
    roseum, s. A. affine
    „   superbum . . . . Ostindien 52
    rostratum, s. Camarotis purpurea
    rubrum . . . . Madras, auf Hügeln.

Angraecum —
  falcatum (Syn. Oeceoclades falcata, Orchis falcata und Limodorum falcatum) . . . China und Japan . . . 54

Anguloa —
  Clowesii . . . . Merida 55
    „ macrantha . . . . Merida 55
  eburnea (Syn. A. virens) . . . . Neu-Granada 55
  Ruckerii . . . . Columbien 55
    „ sanguinea . . . . Columbien 55
  uniflora (Syn. A. virginalis) . . . . . . Columbien und Neu-Granada 55
    „ superba . . . . Peru und Neu-Granada . 55
  virens, s. A. eburnea 55
  virginalis, s. A. uniflora 55

Ansellia —
  africana . . . . Natal und Fernando Po
  natalensis . . . . Natal

Arpophyllum —
  cardinale (Syn. A. squarrosum und Caelia squarrosa) . . . . Neu-Granada
  giganteum . . . . Jamaica 55
  spicatum . . . . Mexico
  squarrosum, s. A. cardinale

Aspasia —
  *epidendroides (Syn. A. fragrans) . . . . Panama und Columbien
  fragrans, s. A. epidendroides
  *lunata (Syn. Cryptarrhena lunata) . . . . West-Indien, Guyana und Brasilien
  *psittacina (Syn. Maxillaria psittacina) . , . Mexico

Auliza —
  ciliaris, s. Epidendrum ciliare

Barkeria —
  elegans . . . . Mexico 57
  Lindleyana . . . . Costa Rica 57
  melanocaulon . . . . Mexico 57
  Skinnerii (Syn. Epidendrum Fuchsii, Epidendrum Skinnerii und Epidendrum clavatum) . Cumana 57
    „ superba . . . . Venezuela 57
  spectabilis . . . . Guatemala 58

Bletia —
  hyacinthina (Syn. Bletilla hyacinthina, Cymbidium hyacinthinum, C. striatum, Epidendrum striatum, Gyas humilis, Limodorum hyacinthinum und Limodorum striatum) . . . . China und Japan
  *Woodfordii, s. Phajus maculatus

Bletilla —
  *hyacinthina, s. Bletia hyacinthina

Brassavola —
  *Digbyana . . . . Honduras
  *glauca . . . . Mexico
  *nodosa (Syn. B. venosa, Bletia nodosa, Cymbidium nodosum, Epidendrum nodosum, E. curassavicum) . . . . Baru, Jamaica und Mexico
  *venosa, s. B. nodosa

Brassia —
  cinnamomea (Syn. B. Keiliana und B. glumacea) Merida
  Clowesii, s. Miltonia Clowesii

kalten und temperirten Orchideen. 167

Brassia —
Gireoudiana . . . . Costa Rica
glumacea, s. B. cinnamomea
guttata (Syn. B. Wrayae, Cymbidium guttatum,
    Epidendrum guttatum) . . . . . . Jamaica
Keiliana, s. B. cinnamomea
Lanceana odorata . . . . Guyana
   „   pallida . . . . Surinam
Lawrenceana . . . . Costa Rica
macrostachya . . . . Demerara und Guatemala
maculata . . . . Demerara
   „   major . . . . Jamaica
verrucosa . . . . Mexico
   „   major . . . . Guatemala
Wrayae, s. B. guttata

Broughtonia —
grandiflora, s. Maxillaria grandiflora . . . Cuba und Jamaica

Calanthe —
*bicolor (Syn. Amblyglottis flava, Chloidia
    flava, Bletia quadrifida, Orchis tripli-
    cata, Limodorum ventricosum und L.
    veratrifolium) . . . . Jamaica und Cuba
*Dominiana = (C. furcata × C. masuca) . Garten-Hybride
*furcata . . . . Ostinden und Luzon
*masuca (Syn. Bletia masuca, Zeduba masuca,
    Amblyglottis veratrifolia) . . . . . Nepaul und Ceylon
   „   grandiflora . . . . Nepaul und Ceylon
Sieboldtii . . . . Japan
*veratrifolia . . . . Java und Cuba 58

Camarotis —
purpurea (Syn. Aërides rostratum) . . . . Sylhet

Cattleya —
*biflora (Syn. C. Lawrenceana und Laelia
    crispilabia) . . . . Brasilien und Central-
    America
*Brysiania, s. Laelia purpurata
*bulbosa, s. C. Walkerii 59
citrina (Syn. C. Karwinskii, Sobralia citrina) . Oaxaca 59
coccinea, s. Sophronites grandiflora 125
crispa (Syn. Laelia crispa) . . . . Brasilien 59
   „ *purpurascens . . . . Brasilien 59
   „ *superba . . . . Brasilien 59
*elegans, s. Laelia elegans
*epidendroides, s. C. luteola
flavida, s. C. luteola
Forbesii, s. C. vestalis
Grahami, s. Laelia majalis
Holfordi, s. C. luteola
*labiata . . . . Brasilien 59
   „   atropurpurea . . . . Brasilien
   „   pallida . . . . Brasilien 60
   „   Pescatorei . . . . Brasilien
   „   picta . . . . Brasilien
Lemoineana, s. C. speciosissima
*lobata (Syn. Laelia lobata und L. Boothiana) Brasilien
Luddemanniana, s. C. speciosissima
*luteola (Syn. C. epidendroides, C. Holfordii,
    C. flavida, C. Meyeri, C. modesta und
    Epidendrum Cattleyae) . . . . . . Amazonenstrom
*marginata (Syn. Laelia pumila marginata) . Brasilien 60

Cattleya —

		Seite
*maxima (Syn. C. quindos)	Peru	
„ alba	Peru	
„ violacea	Peru	
Meyeri, s. C. luteola		
modesta, s. C. luteola		
Mossiae	La Guayra	60
„ *Ainsworthii	La Guayra	
„ *alba	La Guayra	
„ *aurantiaca	La Guayra	
„ *grandiflora	La Guayra	
„ *picta	La Guayra	
„ *purpurascens	La Guayra	
„ *speciosissima	La Guayra	
„ *splendens	La Guayra	
„ *superba	La Guayra	
„ „ *(var. Sion House)	La Guayra	
*Perrinii (Syn. Laelia Perrinii und Cattleya intermedia angustifolia)	Brasilien	
*Pinellii (Syn. Laelia pumila	Brasilien	
quindos, s. C. maxima		
Ruckerii, s. C. Trianae		
*Skinneri (Syn. Epidendrum Hügelianum)	Trinidad und Guatemala	61
*speciosissima (Syn. C. Bassetti, C. Lemoineana nnd C. Luddemanniana)	Umgebung von Caracas	
*Trianiae (Syn. C. Ruckerii und C. Warscewiczii)	Neu-Granada	61
„ *delicata (Syn. C Warscewiczii delicata)	Neu-Granada	
„ *splendens	Neu-Granada	
*velutina	Brasilien (?)	
*vestalis (Syn C. Forbesii)	Rio Janeiro	
*Walkerii (Syn. C. bulbosa)	Brasilien	
*Warnerii	Brasilien	
Warscewiczii, s. C. Trianae		
„ delicata, s. C. Trianae delicata		

Chloidia —
*flava, s. Calanthe bicolor

Chysis —

*aurea	Thal von Cumancoa, Venezuela	
*bractescens	Mexico	
*Limminghei	Central-America	
*laevis	Brasilien	

Coelia —
macrostachya	Guatemala	
squarrosa, s. Arpophyllum squarrosum		

Coelogyne —

*corrugata (Eucoelogyne corrugata)	Khasya	
*cristata (Syn. Cymbidium strictum von Einigen und Cymbidium speciosissimum)	Nepaul und Sylhet	
*flaccida (Syn. Eucoelogyne flaccida)	Nepaul	
*Gardneriana und C. trisaccata	Khoseea-Hügel	
humilis, s. Pleione humilis		122
lagenaria, s. Pleione lagenaria		
maculata (Syn. Gomphostylis candida und Pleione maculata)	Assam und Khasya	
*media (Syn. C. uniflora)	Khasya	
*nitida (Syn. C. ocellata, C. punctulata und Cymbidium nitidum)	Nepaul	
ocellata, s. C. nitida		
*ochracea	Nord-Ost-Indien	

Coelogyne —
*pandurata (Syn. Eucoelogyne pandurata) . Borneo
proecox, s. Pleione praecox
Reichenbachiana, s. Pleione Reichenbachiana
*speciosa (Syn. C. nigrescens, Chelonanthera
    speciosa und Eucoelogyne speciosa) . . Java
*Lobbii . . . . Java
Wallichiana, s. Pleione Wallichiana

Colax —
jugosus 63
aromaticus, s. Lycaste aromatica
Barringtonii, s. Lycaste Barringtoniae
Harrisonii, s. Lycaste Harrisonii

Cryptarrhena —
*lunata, s. Aspasia lunata

Cymbridium —
aloifolium (Syn. Aërides Borassi) . . . . . Ostindien
*altissimum, s. Oncidium altissimum
*cordigerum, s. Epidendrum atropurpureum
*crassifolium, s. C. pendulum
*Dayanum . . . . Assam
*eburneum . . . . Khasya-Berge 64
echinocarpum, s. C. pendulum
*ensifolium (Syn. Epidendrum ensifolium, E.
    Chinense und Limodorum ensatum) . . China und Japan
flabellifolium, s. Zygopetalum cochleare
fragrans, s. C. sinense
*giganteum (Syn. Limodorum longifolium) . Khoseea-Hügel
guttatum, s. Brassia guttata
*Hookerianum . . . . Sikkim, Himalaya . . . 64
humile, s. Pleione humilis
hyacinthinum, s. Bletia hyacinthina
*juncifolium, s. Oncidium cebolleta
*Mastersii . . . . Ostindien 64
    superbum . . . . Ostindien
*nodosum, s. Brassavola nodosa
*pendulum (Syn. C. crassifolium, C. echino-
    carpum, Epidendrum pendulum, Dichaea
    echinocarpa und Limodorum pendulum) Philippinen, Jamaica, Cuba
        und Südbrasilien
    *atropurpureum
praecox, s. Pleione praecox
sinense (Syn. C. fragrans) . . . . China
speciosissimum, s. Coelogyne cristata
striatum, s. Bletia hyacinthina

Cypripedium —
acaule (humile) 134. 146
argus 149
arietinum 134. 146
*Ashburtoniae = (C. barbatum × C. insigne) Garten-Hybride 163
barbatum . . . . Berg Ophir
    *biflorum . . . . Berg Ophir . . . 68. 148
    giganteum, s. C. barb grandiflorum
    *grandiflorum (Syn. C. barbatum
      giganteum und C. barb. majus) . Berg Ophir
    *majus, s. C. barbatum grandiflorum
    nigrescens, s. C. barbatum nigrum
    *nigrum (Syn. C. nigrescens und C.
      barbatum purpureum) . . . . Ostindien 68

Cypripedium —

		Seite
*barbatum nigrum superbum	Ostindien	
„ purpureum, s. C. barbatum nigrum		
„ Veitchii		68
*Bullenianum	Ostindien	
Calceolus		133. 144
candidum		136. 146
caricinum		158
cordigerum		136
*caudatum (Syn. Selenipedium caudatum und C. Humboldtii)	Numegal und Quito	68. 156
„ *roseum (Syn. Selenipedium caudatum roseum)	Panama	68
„ *splendens (Syn. C. caudatum superbum und Selenipedium caudatum splendens)	Panama	
„ superbum, s. C. caudatum splendens		
*concolor	Moulmein	147
Crossianum	Garten-Hybride	164
*Crossii	Peru	
cruciforme, s. C. Lowii		
*Dayanum	Borneo	68. 151
*Dominii = (C. Pearceii × C. caudatum)	Garten-Hybride	162
*Fairieanum	Assam	68. 154
glanduliferum		159
guttatum		134. 145
Harrissianum	Garten-Hybride	162
*hirsutissimum	Java	68. 154
*Hookeriae	Borneo	150
Humboldtii, s. C. caudatum		
insigne	Nepaul	83. 152
„ Maulei	Nepaul	83
„ Veitchianum		153
Irapeanum		134. 144
japonicum	Japan	161
*Javanicum	Java	148
laevigatum		158
*longifolium	Costa Rica	160
*Lowii (Syn. C. cruciforme)	Borneo	83. 155
macranthum		134. 145
montanum		135
*niveum	Ostindien	148
palmifolium		136
*Parishii	Moulmein-Gebirge	159
*pardinum	Philippinen	84
parviflorum		133. 144
passerianum		135
Pearceii (Syn. Selenipedium caricinum und C. caricinum)	Peru	
pubescens		134. 144
*purpuratum	Malayische Inselgruppe	150
*Reichenbachianum (Syn. C. longifolium)	Chiriqui	
Roezlii		160
Sedeni = (C. Schlimmii × C. longifolium)	Garten-Hybride	161
Schlimmii (Syn. Selenipedium Schlimmii)	Ocana	84. 155
spectabile	Nordamerica	134. 145
Stonei		157
*superbiens (Veitchii von Einigen genannt)	Java	151
ventricosum		134. 145
*venustum	Nepaul	84. 147
„ *spectabile	Nepaul	147

Cypripedium —
    *vexillarium = (C. Fairicanum × C. barbatum)   Garten-Hybride 162
    *villosum . . . .   Moulmein- und Tonghoo-
                                                              Berge 84. 153

Cyrtochilum —
    Bictonense, s. Odontoglossum Bictonense
    filipes (Syn. Oncidium filipes) . . . . . .   Guatemala
    *flavescens, s. Miltonia flavescens
    Karwinskii, s. Odontoglossum Reichenheimii
    *leucochilum, s. Oncidium leucochilum
    maculatum, s. Odontoglossum cordatum
    pardinum, s. Odontoglossum pardinum (nicht
         O. nebulosum) 110
    *stellatum, s. Miltonia flavescens
    zanthodon, s. Oncidium zanthodon

Cyrtopera —
    *flava (Syn. Dipodium flavum) . . . . .   Nordindien

Cyrtopodium —
    Andersonii (Syn. Cymbidium Andersonii und
         Oncidium comosum) . . . .   Westindien und Tropisch-
                                                 America
    punctatum (Syn. C. Wilmorei, Heleborine ra-
         mosissima und Epidendrum punctatum)   St. Domingo und Mexico
    speciosissimum . . . .   Guatemala
    Woodfordii (Syn. Cyrtopera Woodfordii) . .   Westindien, Guyana und
                                                 Brasilien

Deckeria —
    undulata, s. Schomburgkia undulata

Dendrobium —
    *aggregatum . . . .   Ostindien
              *majus (Syn. D. Lindleyi) . .   Ostindien
    aphrodite, s. D. nodatum
    aureum, s. D. heterocarpum aureum
    Barringtonii, s. Lycaste Barringtoniae
    *Bullerianum . . . .   Berge nahe Moulmein
    *Cambridgeanum (Syn. D. ochraceum) . .   Khoseea-Hügel
    castum, s. D. moniliforme
    *chrysanthum . . . .   Nepaul 85
    *chrysotoxum . . . .   Arracanische Berge und
                                                Flächen in Burmah
    *superbum . . . .   Arracanische Berge und
                                                Flächen in Burmah
    ciliatum, s. Lycaste Barringtoniae
    coerulescens . . . .   Khoseea-Hügel
    *crassinode . . . .   Arracanische Berge
    *crepidatum . . . .   Assam
    cucullatum, s. D. Pieradi
    *Devonianum . . . .   Khoseea-Hügel
    grandiflorum, s. Maxillaria grandiflora
    Harrisonii, s. Lycaste Harrisonii
    *heterocarpum (Syn. D. pallidum) . . . .   Nepaul und Ceylon . . 85
             aureum (Syn. D. aureum) . .   Nepaul und Ceylon
    *Hillii (Syn. D. speciosum Hillii) . . .   Australien 86
    *Japonicum (Syn. Onychium Japonicum) . .   Japan u. Gärten von Java
    Javanicum, s. Eria stellata
    Jenkinsii . . . .   Gualpara
    *Kingianum . . . .   Australien
    *lasioglossum
    Linawianum, s. D. moniliforme

Dendrobium —

		Seite
Lindleyi, s. D. aggregatum majus		
*luteolum	Moulmein	
moniliforme (Syn. D. Linawianum, D. castum und Epidendrum moniliforme) . . .	China und Japan . . .	85
„ majus	China und Japan . . .	85
nobile	Macao	86
„ Brocklehurstianum	Ostindien	
„ elegans	Ostindien	
„ intermedium	Ostindien	
„ majus	China	
„ pendulum	Macao	86
„ pulcherrimum	China	
nobile Wallichii	Ostindien	86
nodatum (Syn. D. aphrodite)	Moulmein	
ochraceum, s. D. cambridgeanum		
pallidum, s. D. heterocarpum		
*Paxtonii	Khosea-Hügel	
Pieradi (Syn. D. cucullatum)	Flächen und Hügel in Burmah	
*latifolium	Flächen und Hügel in Burmah	
*lutescens	Flächen und Hügel in Burmah	
*majus	Flächen und Hügel in Burmah	
*primulinum	Ostindien	
„ *giganteum	Ostindien	
pubescens, s. Eria pubescens		
*pulchellum	Sylhet	
„ purpureum	Rajabassa	
sceptrum, s. Epidendrum sceptrum		
speciosum	Port Jackson, Australien .	86
„ Hillii, s. D. Hillii		
„ roseum	Port Jackson, Australien	
squalens, s. Maxillaria squalens		
*transparens	Nepaul	86
*triadenium (Syn. Stachyobium triadenium) .	Java	
tricolor, s. Maxillaria tricolor		
*undulatum	Neu-Holland	

Dichaea —

echinocarpa, s. Cymbidium pendulum

Disa oder Stenocoryne —

*grandiflora (Syn. D. uniflora, Orchis africana und Satyrium grandiflorum)	Cap Colonie	87
„ superba	Cap Colonie	88
*longicornu	Cap Colonie	
macrantha		88
uniflora, s. D. grandiflora		

Dipodium —

flavum, s. Cyrtopera flava

Epidendrum —

aloifolium, s. Epidendrum falcatum		
altissimum, s. Oncidium altissimum		
*atropurpureum (Syn. E. aureo-purpureum, E. macrochilum, Limodorum purpureum und Cymbidium cordigerum)	Jamaica und Neu-Granada	88
„ *album		88
„ *roseum (Syn. E. macrochilum roseum)	Venezuela	88

Epidendrum —
    *aurantiacum . . . . Guatemala 88
    aureo-purpureum, s. E. atro-purpureum
    Barringtoniae, s. Lycaste Barringtoniae
    basilare, s. E. Stamfordianum
    carthaginense, s. Oncidium carthaginense
    Cattleyae, s. Cattleya luteola
    caudatum, s. Brassia caudata
    cebolleta, s. Oncidium cebolleta
    chinense, s. Cymbidium ensifolium
    ciliare (Syn. E. cuspidatum und Auliza ciliaris) . . . . Tropisch America
    „ latifolium . . . . Tropisch America
    *cinnabarinum (Syn. E. fulgens und Laeliae cinnabarina) . . . . Bahia
    clavatum, s. Barkeria Skinnerii
    *cnemidophorum . . . . Guatemala
    „ *latifolium . . . . Tropisch America
    cochleatum, s. E. fragrans
    cuspidatum, s. E. ciliare
    *dichromum . . . . Peru
    „ *amabile . . . . Peru
    elongatum s. Epidendrum ybaguense
    ensifolium, s. Cymbidium ensifolium
    erubescens . . . . Mexico
    *falcatum (Syn. E. aloifolium, E. lactiflorum und E. Parkinsonianum) . . . . . . Mexico
    floribundum (Syn. E ornatum) . . . . . America und Australien
    fragrans (Syn. E. cochleatum, Anacheilium cochleatum und E. lineatum) . . . . West-Indien und Brasilien
    Fuchsii, s. Barkeria Skinnerii
    fulgens, s. Epidendrum cinnabarinum
    Frederici Gulielmi 88
    gigas, s. Oncidium altissimum
    Grahamii, s. Oncidium altissimum
    guttatum, s. Brassia guttata
    Hügelianum, s. Cattleya Skinnerii
    humile, s. Pleione humilis
    juncifolium, s. Oncidium cebolleta
    lactiflorum, s. Epidendrum falcatum
    leiobulbum, s. E. nemorale
    liliastrum, s. Sobralia liliastrum
    lineatum, s. E. fragrans
    macrochilum, s. E. atropurpureum
    „ roseum, s. E. atropurpureum roseum
    moniliforme, s. Dendrobium moniliforme
    *myrianthum . . . . Guatemala 89
    nemorale (Syn. E. varicosum und E. leiobulbum) Mexico 89
    „ majus . . . . Mexico
    nodosum, s. Brassavola nodosa
    Parkinsonianum, s. Epidendrum falcatum
    praecox, s. Pleione praecox
    primuloides, s. E. aromaticum
    *prismatocarpum . . . . Costa Rica 89
    sceptrum (Syn. Eriopsis sceptra, Eriopsis altissima und Dendrobium sceptrum) . Neu-Granada
    Skinnerii, s. Barkeria Skinnerii
    *Stamfordianum (Syn. E. basilare) . . . . B. Honduras
    „ *superbum . . . . B. Honduras
    striatum, s. Bletia hyacinthina
    undulatum, s. Oncidium Carthaginense

Epidendrum —
   varicosum, s. E. nemorale
   violaceum, s. Cattleya Loddigesii
   vitellinum . . . . Cumbre of Tetontepeque . 89
      „ majus . . . . Cumbre of Tetontepeque . 89
      „ „ superbum . . . . Cumbre of Tentotepeque
   *Ybaguense (Syn. E. Ibaguense und E. elongatum) . . . . Neu-Granada

Epiphora —
   *pubescens, s. Eria pubescens

Eria —
   velutina, s. Trichotosia ferox
   vestita, s. Trichotosia ferox

Eriopsis —
   altissima, s. Epidendrum sceptrum
   *biloba . . . . Neu-Granada 90
   *rutibulbon . . . . Ocaña und Socoro . . . 90
   sceptra, s. Epidendrum sceptrum
   *Surinamensis . . . . Surinam

Eulophia —
   alba, s. Zygopetalum album
   cochlearis, s. Zygopetalum cochleare
   crinita, s. Zygopetalum Mackai
   intermedia, s. Zygopetalum intermedium
   maxillaris, s. Zygopetalum maxillare
   rostrata, s. Zygopetalum rostratum

Goodyera oder **Haemaria**
   *discolor (Syn. Gongora discolor und Neottia discolor) . . . . Brasilien 90
   Dawsonii, s. Anaectochilus Dawsonianus
   Dominiana, s. Anaectochilus Dominii
   japonica . . . . Japan
   macrantha . . . . Japan 90
      „ var. foliis luteo-variegatis 90
   maculata (Syn G. picta)
   picta, s. G. maculata
   procera (Syn. Neottia procera, Stelis caudata, Stelis odoratissima, Bolbophyllum odoratissimum und Tribrachia odoratissima) . Nepaul
   pubescens (Syn. Neottia pubescens, Satyrium repens, Tussaca reticulata) . . . . . Nordamerica
   rubicunda (Syn. G. rubro-venia) . . . . . Manilla
   rubro-venia, s. G. rubicunda
   *Veitchii . . . . Garten-Hybride
   velutina . . . . Japan 90

Gyas —
   humilis, s. Bletia hyacinthina
   verecunda, s. Bletia verecunda

Habenaria oder **Platanthera** —
   alata, s. Habenaria maculosa
   brachyceras, s. Habenaria maculosa
   maculata, s. H. maculosa
   maculosa (Syn. H. maculata, H. elata, H. brachyceras, Orchis setacea und Orchis monorhiza) . . . . Merida, Neu-Granada und Antigua
   margaritacea . . . . Brasilien

Haemaria siehe **Goodyera**

kalten und temperirten Orchideen. 175

Hartwegia —
 *purpurea . . . . Mexico
Helcia —
 *sanguinolenta . . . . Paccha, Peru 91
Huntleya —
 candida, s. Warscewiszella candida
 cerina, s. Peristeria cerina
 imbricata, s. Zygopetalum cochleare
 marginata, s. Warscewiczella discolor
 meleagris, s. Batemania meleagris
 radicans, s. Warscewiczella candida
 sessiliflora . . . . Guyana
 violacea, s. Warcewiczella violacea
 Wailesii

Inopsis oder **Cybelion —**
 *Gardneriana (Syn. I. utricularioides und Dendrobium utricularioides) . . . . . . Westindien und Brasilien
 *paniculata (Syn. I. tenera) . . . . . . Brasilien
 *rosea . . . . Brasilien
 tenera, s. I. paniculata
 utricularioides. s. I. Gardneriana

Isantheum —
 laeve, s. Odontoglossum Reichenheimii

Laelia —
 acuminata . . . . Retatulen 91
  „ violacea . . . . Retatulen 92
 albida . . . . Guatemala 92
  „ primulina . . . . Guatemala
  „ superba . . . . Guatemala
 anceps . . . . Mexico 92
  „ Barkeriana . . . . Mexico 92
  „ Dawsoni . . . . Juquilla, Mexico 92
 autumnalis (Syn. Bletia autumnalis) . . . Mechoacan 92
 Boothiana, s. Cattleya lobata
 Brysiana, s. L. purpurea
 caulescens, s. L. flava
 cinnabarina (Epidendrum cinnabarium) 92
 crispa, s. Cattleya crispa
 crispilabia, s. Cattleya biflora 94
 *elegans (Syn. Cattleya elegans) . . . . Brasilien 93
  „ Dayana . . . . Brasilien
  „ Turnerii . . . . Brasilien 93
  „ Warnerii . . . . Brasilien
 erubescens . . . . Guatemala
 flava (Syn. L. caulescens) . . . . Brasilien 93
 furfuracea . . . . Mexico 93
 gigantea, s. L. grandiflora
 grandiflora (Syn. L. gigantea) . . . . . Mexico
 *grandis . . . . Bahia
 Jongheana . . . . Brasilien 93
 Lindleyana . . . . Bahia 94
 lobata, s. Cattleya lobata
 majalis (Syn. Cattleya Grahami) . . . . Mexico 94
  „ grandiflora . . . . Mexico
 peduncularis (s. L. erubescens) . . . . . Mexico und Guatemala . 94
 Perrini, s. Cattleya Perrinii 94
 Pilcherii = (Cattleya crispa × Cattleya Perrinii) . . . . Garten-Hybride
 praestans . . . . St. Catharina 94

Laelia —

		Seite
pumila, s. Cattleya Pinelli		95
„ marginata, s. Cattleya marginata		95
*purpurata (Syn. Laelia Stelzneriana und Cattleya Brysiana)	Brasilien	95
„ Nelisii	Brasilien	
„ picta	Brasilien	
„ splendens	Brasilien	
*Schilleriana	Brasilien	
„ splendens	Brasilien	
Stelzneriana, s. L. purpurata		
superbiens	Jamaica und Mexico auch Costa Rica	95
*Wallisii	Rio Negro	
*xanthina	Brasilien	95

Leochilus —
sanguinolentus, s. Oncidium cucullatum

Leptotes —

bicolor	Orgel-Gebirge	96
„ serrulata	Orgel-Gebirge	

Leucoglossum —
bictonense, s. Odontoglossum bictonense

Limodorum —
ensatum, s. Cymbidium ensifolium
falcatum, s. Angraecum falcatum
Incarvilliae, s. Phajus grandifolius
longifolium, s. Cymbidium giganteum
pendulum, s. Cymbidium pendulum
purpureum, s. Epidendrum atro-purpureum
Tankervilliae, s. Phajus grandifolius
ventricosum, s. Calanthe bicolor
veratrifolium, s. Calanthe bicolor

Lycaste, siehe auch Maxillaria —

albida, s. L. Skinnerii delicatissima		
aromatica (Syn. Maxillaria aromatica, Colax aromaticus)	Mexico	96
Balsamia, s. L. cruenta		
Barringtoniae (Syn. L. ciliata, Maxillaria Barringtoniae, Colax Barringtoniae, Dendrobium Barringtoniae, Epidendrum Barringtoniae und Dendrobium ciliatum	Jamaica und Cuba	
ciliata, s. L. Barringtoniae		
cruenta (Syn. L. Balsamea und Maxillaria cruenta)	Guatemala	96
Deppei (Syn. Maxillaria Deppei)	Mexico	96
fulvescens	Merida und Neu-Granada	
gigantea (Syn. Maxillaria Heynderyxii)	St. Martha	96
Harrisoni (Syn. Maxillaria Harrisoniae, Colax Harrisonii, Dendrobium Harrisonii, Bifrenaria Harrisonii und Lycaste Lawrenceana)	Brasilien	96
Heynderyxii, s. L. gigantea		
lanipes (Syn. Maxillaria lanipes)	Neu-Granada	96
Lawrenceana, s. L. Harrisoniae		
macrophylla (Syn. Maxillaria macrophylla)	Caracas	
plana	Bolivia	
Skinneri (Syn. Maxillaria Skinnerii)	Guatemala	96
„ atro-rubens	Guatemala	
„ delicatissima (Syn. L. albida)	Guatemala	

Lycaste, siehe auch **Maxillaria** —
    Skinneri pallida . . . . Guatemala
        " purpurata . . . . Guatemala
        " rosea . . . . Guatemala
        " superba . . . . Guatemala
        " virginalis . . . . Guatemala
    tetragona (Syn. Maxillaria tetragona) . . . Rio Janeiro

Macrochilus —
    *Fryanus, s. Miltonia spectabilis

Malaxis —
    *caudata, s. Brassia caudata

Masdevallia —
    candida, s. M. Tovarensis
    Chimaera . . . . Südamerica
    civilis . . . . Peru 98
    coccinea . . . . Pampelona 98
    elephanticeps . . . . Brasilien
    fenestrata (Syn. Pleurothallis atro-purpurea) . Jamaica und Cuba
    Harryana 98
    ignea 98
    Lindenii 99
    maculata
    octhoides . . . . Brasilien
    pumila . . . . Peru
    polyantha
    Tovarensis (Syn. M. candida) . . . . Tovar, Columbien . . . 99
    Veitchii 99

Maxillaria, siehe auch **Lycaste** —
    anatomorum, s. M. venusta
    aromatica, s. Lycaste aromatica
    aurantiaca, s. Bifrenaria aurantiaca
    aureo-fulva, s. Bifrenaria aureo-fulva
    barbata, s. Bifrenaria vitellina
    Barringtoniae, s. Lycaste Barringtoniae
    Brocklehurstiana, s. Houlettia Brocklehurstiana
    cristata, Paphinia cristata
    cruenta, s. Lycaste cruenta
    deflexa, s. M. tricolor
    densa (Syn. Arundina densa, Calanthe densi-
        flora, Ornithidium densum) . . . . . Sylhet
    Deppei, s. Lycaste Deppei
    gracilis, s. M. tricolor
    grandiflora (Syn. Broughtonia grandiflora und
        Dendrobium grandiflorum) . . . . . Anden von Paraguay . . 99
    Hadwenii, s. Scuticaria Hadwenii
    Harrissoniae, s. Lycaste lanipes
    leptosepala . . . . La Guayra
    leucochila, s. M. punctata
    lineata, s. M. punctata
    lutea, s. M. punctata
    luteo-alba, s. M. punctata alba
    Lyncea, s. Stanhopea Devoniensis
    macrophylla, s. Lycaste macrophylla
    marginata, s. M. tricolor
    nigrescens (Syn. M. rubrofusca) . . . . . Merida
    ochro-leuca . . . . Brasilien
    pantherina, s. M. tricolor
    pendulaeflora, s. M. tricolor
    picta . . . . Brasilien

Maxillaria, siehe auch **Lycaste** —
  psittacina, s. Aspasia psittacina
  pulchella (Syn. Arundina pulchella) . . . Java
  punctulata, s. M. tricolor
  punctata (Syn. M. gracilis, M. lineata, M. leucochila und M. lutea) . . . . Brasilien
    „ alba (Syn. M. luteo-alba) . . . . . Merida
  Rollissonii, s. Promenæa Rollissonii
  rubrofusca, s. M. nigrescens
  rufescens (Syn. Xylobium rufescens und M. vanillodora) . . . . Trinidad, Cuba und Venezuela
  Skinnerii, s. Lycaste Skinnerii
  splendens . . . . Peru
  squalens (Syn. Dendrobium squalens, Xylobium squalens) . . . . Rio Janeiro
  stapelioides, s. Promenæa stapelioides
  Steelii, s. Scuticaria Steelii
  stenopetala, s. Bifrenaria aureo-fulva
  tenuifolia . . . . Mexico
  tetragona, s. Lycaste tetragona
  tricolor (Syn. Dendrobium tricolor, Cymbidium marginatum, M. deflexa, M. pantherina, M. penduliflora, M. punctulata und M. marginata) . . . . Peru
  vanillodora, s. M. rufescens
  variabilis (Syn. M. Henchmanni) . . . . . Mexico
  venusta (Syn. M. anatomorum?) . . . . Ocaña 100
  vitellina, s. Bifrenaria vitellina

Mesospinidium —
  *sanguineum . . . . Berge in Ecuador . . . 102
  *vulcanicum 102

Miltonia —
  anceps, s. Odontoglossum anceps
  bicolor, s. M. spectabilis bicolor
  *candida . . . . Brasilien 100
    „ *grandiflora . . . . Brasilien 100
    „ *Jenischiana (Syn. M. grandiflora) . Brasilien
  *cereola . . . . Brasilien
  *Clowesii (Syn. Brassia Clowesii und Odontoglossum Clowesii) . . . . . . Orgel-Gebirge . . . 101
    „ flavescens . . . . Orgel-Gebirge
    „ major . . . . Orgel-Gebirge . . . 101
    „ venusta . . . . Orgel-Gebirge
  *cuneata (Syn. M. speciosa) . . . . . . Brasilien
  *flavescens (Syn. M. stellata, Odontoglossum stellatum, Cyrtochilum stellatum und Cyrtochilum flavescens) . . . . . . Brasilien
  *festiva = (M. flavescens × M. spectabilis) . Garten-Hybride
  grandiflora, s. M. candida Jenischiana
  Karwinskii, s. Odontoglossum Reichenheimii
  *Morelliana . . . . Brasilien
    „ atrorubens . . . . Brasilien
  pulchella, s. Odontoglossum Phalænopsis
  *Regnelli . . . . Brasilien 101
  speciosa, s. M. cuneata
  *spectabilis (Syn. Macrochilus Fryanus) . . Brasilien 101
    „ bicolor (Syn. M. bicolor) . . . Brasilien
    „ obscura . . . . Brasilien
    „ *Morelliana . . . . Brasilien 101
    „ purpurea . . . . Brasilien

Miltonia —
		Seite
*spectabilis rosea	Brasilien	101
" superba	Brasilien	
" virginalis	Brasilien	101
" stellata, s. M. flavescens		
*Warscewiczii (Syn. Oncidium fuscatum)	Cuchero, Peru	102

Nanodes —
Medusae . . . . Ecuador 102

Nasonia —
cinnabarina, s. N. punctata
punctata (Syn. N. cinnabarina) . . . . . Berge von Elsisme, Peru 103
splendida . . . . Peru

Neottia —
cordata, s. Nephelaphyllum cordatum
*Lindleyana (Syn. Spiranthes bicolor und Spiranthes Lindleyana) . . . . Caracas
*maculata (Syn. Satyrium maculatum, Himantoglossum secundiflorum, Physurus maculatus und Platistylus atlanticus) . . Westindien
procera, s. Goodyera procera
pubescens, s. Goodyera pubescens
speciosa (Syn. Stenorrhynchus speciosus, Ibidium speciosum u. Sarcoglottis speciosa) Westindien und Tropisch America

Nephelaphyllum —
*cordatum (Syn. Neottia cordata, Ophrys cordata, Listera cordata, Serapis cordata etc.) Europa und Nordamerica
pulchrum, s. Anæctochilus pulcher
*tenuiflorum . . . . Java

Odontoglossum —
affine, s. O. Reichenheimii		
Alexandræ (Syn. O. Bluntii und O. crispum)	Bogota und Paxo	
anceps (Syn. Miltonia anceps)	Brasilien	103
angustatum	Merida	104
apterum, s. O. Rossii		
Andersonianum		104
astranthum	Tropisch America	
aureo-purpureum	Neu-Granada	
Bictonense (Syn. Leucoglossum Bictonense, Cyrtochilum Bictonense und Zygopetalum africanum)	Guatemala	
" album		104
" superbum	Guatemala	
blandum		105
Bluntii, s. O. Alexandræ		
brevifolium		
candelabrum, s. O. coronarium		
cariniferum	Chiriqui	
Cervantesi	Mexico	105
" membranaceum, s. O. membranaceum		105
cirrhosum	Chimborasso	
*citrosmum (Syn. O. Lichterveldia)	Mexico	105
" *roseum (Syn. Oncidium Galeottianum)	Mexico	105
cordatum (Syn. O. Hookerianum, O. maculatum, Cyrtochilum maculatum, Oncidium maculatum und Xanthochilum cordatum)	Vera-Cruz	105
coronarium (Syn. O. candelabrum)	Sierra Nevada	106
crispum, s. O. Alexandræ		
Coradinei		106

12*

Odontoglossum —   Seite

cristatum	Peru	106
crocidipterum		106
Dawsonianum	Mexico	
Ehrenbergi	Mexico und Guatemala	107
gloriosum	Neu-Granada	107
*grande	Guatemala	107
„ pallidum, s. O. Schlieperianum		
„ *superbum	Guatemala	108
Hallii	Wälder von Pampelona	108
hastatum (Syn. Odontoglossum phyllochilum und Oncidium hastatum)	Mexico und Neu-Granada	
hastilabium	Westindien u. Venezuela	108
Hookerianum, s. O. cordatum		
hystrix, s. O. luteo-purpureum		108
*Insleayi (Syn. O. Lawrenceana und Oncidium Insleayi Barkerii)	Mexico	108
Karwinskii, s. O. Reichenheimii		
*Krameri	Costa Rica	108
laeve, s. O. Reichenheimii		
Lawrenceanum, s. O. Insleayi		
Lindleyanum	Neu-Granada	
Lichterveldia, s. O. citrosmum		
luteo-purpureum (Syn. O. hystrix, O. radiatum, Euodontoglossum luteo-purpureum)	Neu-Granada	108
luteo-purpureum Hallii		109
„ hystrix		109
maculatum		109
membranaceum (Syn. O. Cervantesii membranaceum)	Mexico	109
„ roseum	Mexico	
miniatum		
myanthum	Neu-Granada	
naevium	Neu-Granada	109
„ majus	Ocaña	109
nebulosum	Mexico	110
„ candidum	Guatemala	
„ pardinum		110
nevadense		110
nobile, s. O. Pescatorei		
odoratum	Merida	110
„ latimaculatum		110
pardinum (Syn. Cyrtochilum pardinum, O. nebulosum)	Peru	
Pescatorei (Syn. O. nobile)	Neu-Granada	111
„ splendens	Neu-Granada	
*Phalaenopsis (Syn. Miltonia pulchella)	Wälder von Aspasica	111
phyllochilum, s. O. hastatum		
platycodon		111
pulchellum	Mexico und Guatemala	112
„ majus	Mexico und Guatemala	112
„ tenuifolium		112
radiatum, s. O. luteo-purpureum		
Reichenheimi (Syn. Isantheum laeve, O. affine, O. laeve, O. Karwinskii, Oncidium Karwinskii, Miltonia Karwinskii und Cyrtochilum Karwinskii)	Mexico und Guatemala	112
roseum	Ecuador	112
Rossii (Syn. O. apterum und O. Warnerii)	Guatemala und Mexico	112
„ superbum		113
„ Warnerianum		113

Odontoglossum —
  Roezlii
  Schlimii . . . . Ocaña
  Schlieperianum (Syn. O. grande pallidum) . Costa Rica 113
  stellatum, s. Miltonia flavescens 113
  tigrinum, s. Oncidium Barkerii
  tripudians 113
  triumphans (Syn. Zanthoglossum triumphans) Neu-Granada 114
  Uro-Skinnerii . . . . Guatemala 114
  vexillarium 114
  Wallisii . . . . Neu-Granada 115
  Warnerii, s. O. Rossii
  Weltonii, s. Oncidium Warscewiczii Weltonii
  zebrinum 115

Oeceoclades —
  falcata, s. Angraecum falcatum
  maculata, s. Trichocentrum maculatum

Oncidium —
  abortivum, s. ornithocephalum
  acinaceum . . . . Peru
  acrobotryum, s O. Harrisonianum
  aemulum (O. superbiens) 116
  *altissimum (Syn. Cymbidium altissimum, Epi-
    dendrum altissimum, Epidendrum Gra-
    hamii und E. gigas) . . . . Westindien und Tropisch
    America
  amictum 116
  *anciferum . . . . Brasilien
  andigenum 116
  aurosum, s O. excavatum 116
  barbatum . . . . Australien und Brasilien 116
    „ caudatum . . . . Brasilien
    „ grandiflorum . . . . Brasilien
  *Barkerii (Syn. O. tigrinum, O. unguiculatum,
    O. funereum u. Odontoglossum tigrinum) Mexico
  *Batemanii (Syn. O. gallopavinum, O. Pinellia-
    num, O. spilopterum, O. stenopetalum,
    O. ramosum) . . . . Brasilien
  *bicallosum . . . . Guatemala
  bicornutum, s. O. pubes
  bifolium . . . . Monte Video 117
    „ majus . . . . Monte Video 117
  Boydii, s. O. luridum
  calanthum . . . . Ecuador
  candidum, s Palumbina candida
  *Carthaginense (Syn. O. Henchmanni, O. Hun-
    tianum, O. luridum Henchmanni, O. ro-
    seum, Epidendrum Carthaginense und E.
    undulatum . . . . Mexico und Westindien
    „ sanguineum (Syn. O sanguineum . La Guayra
  *Cavendishianum . . . . Guatemala
  *cebolleta (Syn. O. juncifolium, O. glaucum,
    Cymbidium juncifolium, Epidendrum jun-
    cifolium und E. cebolleta) . . . . . Brasilien, Guyana und
    Spanisch Main
  cheirophorum . . . . Vulkan von Chiriqui
  crispum . . . . Orgel-Gebirge 117
    „ Forbesii 117
    „ grandiflorum . . . . Brasilien
    „ luteum . . . . Orgel-Gebirge
    „ marginatum . . . . Orgel-Gebirge

Inhalt und alphabetisches Verzeichniss von

Oncidium —   Seite
    crispum pallidum . . . . Brasilien
    Cryptocopis . . . . Peru
    cucullatum (Syn. Leochilus sanguinolentus) . Central-America, Peru . . 117
    cuneatum, s. O. luridum
    deltoidum . . . . Peru
    diadema, s. O. serratum
    *divaricatum
        „   cupreum
    excavatum (Syn. O. aurosum) . . . . . . Ecuador
    filipes, s. Cyrtochilum filipes
    flexuosum . . . . Brasilien 117
    majus . . . . Brasilien
    Forbesii, s. O. crispum
    funereum, s. Oncidium Barkerii
    fuscatum, s. Miltonia Warscewiczii
    Galeottianum, s. Odontoglossum citrosmum roseum
    glaucum, s. O. cebolleta
    *haematochilum . . . . Neu-Granada
    hastatum, s. Odontoglossum hastatum
    Henchmanni, s. O. Carthaginense
    *hians (Syn. O. quadricorne und O. maxilligerum) . . . . Brasilien
    holochrysum . . . . Peru
    Huntianum, s. O. Carthaginense
    hyphaematicum . . . . Peru
    incurvum (Syn. O. albo-violaceum) . . . . Mexico
    Insleayi Barkerii, s. Odontoglossum Insleayi
    Janeirense, O. longipes
    juncifolium s. O. cebolletum
    Karwinskii, s. O. Reichenheimii
    Krameri, s. O. papilio Krameri
    leopardinum (Syn. O. semele) . . . . . . Peru
    leucochilum (Syn. Cyrtochilum leucochilum) . Mexico und Guatemala . 118
        „   pictum . . . . Mexico und Guatemala
        „   splendens . . . . Mexico und Guatemala
    longipes (Syn. O. Janeirense und O. oxycanthosmum) . . . . Rio Janeiro
        „   superbum . . . . Rio Janeiro
    macranthum . . . . Guayaquil 118
    Marshallianum 118
    nubigenum . . . . Peru und Ecuador
    obryzatum . . . . Neu-Granada 118
    ornithocephalum (Syn. O. abortivum und Ornithocephalus abortivus) . . . . . . Guatemala
    ornithorrhynchum . . . . Mexico und Guatemala . 118
    oxycanthosmum, s. O. longipes
    Phalaenopsis . . . . Ecuador 119
    *phymatochilum . . . . Mexico
    puberum, s. O. pubes
    *pubes (Syn. O. pyramidale, O. bicornutum und O. puberum) . . . . Rio Janeiro
    *pulvinatum . . . . Brasilien und Mexico
        „   majus . . . . Brasilien
    pyramidale, s. O. pubes
    Rigbyanum, s. O. sarcodes
    roseum, s. O. Carthaginense
    sanguineum, s. O. Carthaginense sanguineum
    *sarcodes (Syn. C Rigbyanum) . . . . . Brasilien 119
    semele, s. O. leopardinum

Oncidium —
serratum (Syn. O. diadema) . . . . . . Kalte Regionen des Aequators 119
splendidum . . . . Guatemala 119
superbiens (Syn. O. aemulum) . . . . . . Neu-Granada
tigrinum, s. O. Barkerii 119
unguiculatum, s. O. Barkerii
*varicosum . . . . Brasilien
Warscewiczii . . . . Costa Rica
„ Weltonii (Syn. Odontoglossum Weltonii) . . . . Neu-Granada
*Wentworthianum . . . . Guatemala
Zanthodon (Syn. Cyrtochilum Zanthodon) . . Ecuador
Onychium —
*Japonicum, s. Dendrobium japonicum
Ophrys —
cordata, s. Nephelaphyllum cordatum
Orchis —
Africana, s Disa grandiflora
falcata, s. Angraecum falcatum
monorrhiza, s. Habenaria maculosa
setacea, s. Habenaria maculosa
triplicata, s. Calanthe bicolor
Ornithocephalus —
abortivus, s. Oncidium ornithocephalum
Pachyne —
spectabilis, s. Phajus grandifolius
Palumbina —
*candida (Syn. Oncidium candidum) . . . Mexico 120
Peristeria, s. auch Acineta
Barkerii, s. Acineta Barkerii
*cerina (Syn. Pescatorea cerina und Huntleya cerina) . . . . Spanisch Main
*elata . . . . Panama
Galeotti, s. P. longicarpa
Humboldtii, s. Acineta Humboldtii
*longicarpa (Syn. P. Galeotti) . . . . . . Guyana
Pescatorea —
cerina, s. Peristeria cerina 120
*fimbriata (Syn. Zygopetalum Wallisi und P. Wallisi) . . . . Ecuador
Wallisi, s. P. fimbriata
Phajus —
albus (Syn. Thunia alba) . . . . Ebenen von Burmah
Augustinianus, s. P. cupreus
Bensoniae, s. Thunia Bensoniae
cupreus (Syn. P. Augustinianus) . . . . . Amboina
*grandifolius, Lour. (Syn. Bletia Tankervilliae, Limodorum Tankervilliae, L. Inearvilliae und Pachyne spectabilis . . . . . . Jamaica, Hong-Kong und Tropisch America . . 120
„ Lindl., s. P. Wallichi Lindl.
*irroratus = (P. grandifolius × Calanthe vestita alba) . . . . Garten-Hybride
*maculatus (Syn. Bletia flava und Bletia Woodfordii) . . . . Nepaul
*Wallichii, Lindl. (Syn. P. grandifolius, Lindl.) Sylhet
Pilumna —
*fragrans, s. Trichopilia fragrans 120
laxa, s. Trichopilia laxa
Platanthera, s. Habenaria

Pleione —
   Hookeriana (Syn. Coelogyne Hookeriana) . . Sikkim
   humilis (Syn. Coelogyne humilis, Cymbidium
      humile und Epidendrum humile) . . . Ostindien 122
   lagenaria (Syn. Coelogyne lagenaria) . . . Assam u. Khosea-Hügel 122
   maculata, s. Coelogyne maculata 122
   praecox (Syn. Cymbidium praecox, Epidendrum
      praecox und Coelogyne praecox) . . . Assam und Nepaul
   Reichenbachiana (Syn. Coelogyne Reichen-
      bachiana) . . . . Berge von Arracan . . 122
   Schilleriana . . . . Ostindien
   Wallichiana . . . . Arracanische Berge

Pleurothallis —
   atropurpurea, s. Masdevallia fenistrata

Polystachya —
   pubescens, s. Eria pubescens 123

Restrepia —
   *antennifera . . . . Anden von Paraguay . 123
   elegans (Syn. R. punctata) . . . . Ecuador und Venezuela . 123
   punctata, s. R. elegans
   tentaculata . . . . Peru

Sarcochilus —
   falcatus . . . . Nahe Hunter's River, Au-
                     stralien 54
   unguiculatus (Syn. Calanthe striata und Limo-
      dorum unguiculatum) . . . . Manilla, China und Japan

Sarcoglottis —
   speciosa, s. Neottia speciosa

Satyrium —
   bracteatum, s. Spiranthes lineata
   grandiflorum, s. Disa grandiflora
   lineatum, s. Spiranthes lineata
   maculatum, s. Neottia maculata
   repens, s. Goodyera pubescens
   striatum, s. Anaectochilus striatus

Selenipedium —
   caricinum, s. Cypripedium Pearceii
   caudatum, s. Cypripedium caudatum
      „   roseum, s. Cypripedium caudatum ro-
           seum
      „   splendens, s Cypripedium caudatum
           splendens
   Pearceii, s. Cypripedium Pearceii
   Schlimii, s. Cypripedium Schlimii

Sobralia —
   citrina, s. Cattleya citrina
   decora (Syn. S. Galeottianum) . . . . . . Peru
   dichotoma . . . . Peru
      „   minor . . . . Peru
   Galeottiana, s. decora
   liliastrum (Syn. Epidendrum liliastrum) . . Peru, Mexico, Guyana und
                     Brasilien
   macrantha . . . . Oaxaca und Guatemala . 124
      „   splendens . . . . Oaxaca und Guatemala . 124
   rosea . . . . Peru und Ecuador
   Ruckeri . . . . Ocaña
   violacea . . . . Merida

Sophronitis —
   cernua (Syn. S. nutans, S. Hoffmanseggii und
      S. isopetala) . . . . Rio Janeiro 125
   coccinea . . . . Orgel-Gebirge 125

Sophronitis —
  Hoffmanseggii, s. S. cernua
  grandiflora (Syn. Cattleya coccinea und [S.
    coccinea von Einigen]) . . . . . . Orgel-Gebirge 125
  isopetala, s. S. cernua
  violacea . . . . Orgel-Gebirge 125
Stelis —
  caudata, s. Goodyera procera
  odoratissima, s. Goodyera procera
Stenia —
  *fimbriata . . . . Neu-Granada
Stenorrhynchus —
  *coccineus . . . . Tropisch America
  speciosus, s. Neottia speciosa
Thunia —
  *alba, s. Phajus albus
  *Bensoniae (Syn. Phajus Bensoniae) . . . . Berge von Arracan und
                                          Moulmein
Tribrachia —
  odoratissima, s. Goodyera procera
Trichocentrum —
  *albo-purpureum . . . . Peru, Rio Negro etc. . . 126
  cornucopiae . . . . Peru
  maculatum (Syn. Angraecum maculatum, Oeceo-
      clades maculata und Geodorum pictum) Neu-Granada
  Pinellii . . . . Brasilien
  *tigrinum . . . . Brasilien 126
Trichopilia —
  albida, s. T. fragrans
  *coccinea . . . . Costa Rica 126
      *marginata 126
  costata . . . . Neu-Granada
  *crispa . . . . Mexico 126
  fragrans (Syn T. albida und Pilumna fragrans) Popayan und Merida
  hymenantha . . . . Ocaña
  laxa (Syn. Pilumna laxa) . . . . . . Popayan
  marginata, s. T. coccinea
  *suavis . . . . Costa Rica 127
  *tortilis . . . . Mexico 127
      alba . . . . Mexico
  *turialvae . . . . Costa Rica
Trichotosia —
  ferox (Syn. Eria velutina und Eria vestita) . Java
Tussaca —
  reticulata, s. Goodyera pubescens
Uropedium —
  Lindeni . . . . Cordilleren nahe dem See
                                          Maracaybo 127
Vanda —
  *coerulea (Syn. V. coerulescens, nicht Griff. und
      Reichb. fils) . . . . Khasya 129
  coerulescens, nicht Griff. und Reichb. fils, s. V.
      coerulea
  *teres (Syn. Dendrobium teres) . . . . Sylhet 129
    *Andersoni . . . . Ostindien 129
Warrea —
  candida, s. Warscewiczella candida
  digitata, s. Warscewiczella candida
  Lindeniana . . . . Neu-Granada
  marginata, s. Warscewiczella discolor
  quadrata, s. Warscewiczella discolor

Warrea —
tricolor . . . . Brasilien
„ ampla . . . . Brasilien
Wailesiana, s. Warscewiczella candida
Warscewiczella —
aromatica, s. Lycaste aromatica
*candida (Syn. Warrea candida, W. Wailesiana,
W. digitata, Huntleya candida und H.
radicans) . . . . Bahia
cochlearis, s. Zygopetalum cochleare
*discolor (Syn. Huntleya marginata, Warrea
marginata, Warrea quadrata und Zygopetalum fragrans) . . . . Costa Rica
*jonoleuron . . . . Brasilien
marginata, s. W. discolor
*velata (Syn. Zygopetalum velatum) . . . Neu-Granada
*violacea (Syn. Huntleya violacea und Bollea
violacea) . . . . Surinam und Demerara
Xanthochilum —
cordatum, s. Odontoglossum cordatum
Xantoglossum —
triumphans, s. Odontoglossum triumphans
Zygopetalum —
aromaticum 130
africanum, s. Odontoglossum bictonense
album (Syn. Eulophia alba)
brachypetalum 130
*cochleare (Syn. Eulophia cochlearis, Warsce-
wiczella cochlearis, Cymbidium flabellifolium und Huntleya imbricata . . . Trinidad
crinitum, s. Z. Mackai 130
fragrans, s. Warscewiczella discolor
Gautierii 130
gramineum 130
*intermedium (Syn. Z. velutinum und Eulophia
intermedia) . . . . Brasilien
Mackayi (Syn. Z. crinitum, Eulophis crinita
und E. Mackai) . . . . Brasilien 130
„ coeruleum . . . . Brasilien
„ fragrans, s. Warscewiczella discolor
„ macranthum (Syn. Z. Mackai major) Brasilien
„ major, s. Z. Mackai macranthum
„ minor, s. Z. Mackai parviflorum
„ pallidum . . . . Brasilien
„ parviflorum (Syn. Z. Mackai minor) Brasilien
„ roseum . . . . Brasilien
„ superbum . . . . Brasilien
„ velutinum . . . . Brasilien
maxillare (Syn. Eulophia maxillaris) . . . Brasilien 130
rostratum (Syn. Eulophia rostrata) . . . . Demerara
stenochilum (Syn. Eulophia stenochila) . . . Brasilien
velatum, s. Warscewiczella velata
Wallisi, s. Pescatorea fimbriata